地球自然胜境

DIQIU ZIRAN SHENGJING

才学世界　　主编：崔钟雷

吉林美术出版社｜全国百佳图书出版单位

图书在版编目（CIP）数据

地球自然胜境／崔钟雷主编．—长春：吉林美术
出版社，2010.9（2022.9 重印）
（才学世界）
ISBN 978 - 7 - 5386 - 4690 - 0

Ⅰ.①地…　Ⅱ.①崔…　Ⅲ.①自然地理 - 世界 - 普及
读物　Ⅳ.①P941 - 49

中国版本图书馆 CIP 数据核字（2010）第 174203 号

地球自然胜境
DIQIU ZIRAN SHENGJING

主　　编　崔钟雷
副 主 编　刘志远　芦　岩　杨亚男
出 版 人　赵国强
责任编辑　栾　云
开　　本　787mm×1092mm　1/16
字　　数　120 千字
印　　张　9
版　　次　2010 年 9 月第 1 版
印　　次　2022 年 9 月第 4 次印刷

出版发行　吉林美术出版社
地　　址　长春市净月开发区福祉大路5788号
　　　　　邮编：130118
网　　址　www.jlmspress.com
印　　刷　北京一鑫印务有限责任公司

ISBN 978 - 7 - 5386 - 4690 - 0　　定价：38.00 元

前　言
foreword

　　大自然对人类来说，一直是一个充满诱惑的谜，在人们眼中，它神秘而伟大。大自然孕育了无数神奇美丽的生命，它造就了地球上最壮观的景象。

　　雄伟高峻的山脉，一望无垠的沙漠，波浪汹涌的碧海，茂密葱茏的森林……这些或气势磅礴，或如诗如画的奇景，唤起人们无数的遐思奇想。千百年来，这些自然奇景丰富了人类的想象，激发了人类的创造性，是我们这个美丽的星球最值得珍惜的财富。

　　行走于天地之间，仰感于天，俯感于地，每一处景观，都是一种神韵。地球之巅——珠穆朗玛峰，伟岸的雄姿令无数人为之神往；地球表面最大的伤疤——东非大裂谷，吸引着人们探究它深藏的秘密；尝过死海的水，你才会明白地球心窝的水有多苦；到了红海，你才会知道海底世界是怎样的绚丽多姿；走向香格里拉，你才会体验到梦幻般的仙境之美。一路风景，一路行走。每一处风景都将在你心中沉淀成一个美丽的故事。

　　朋友，请打开书，让我们一起开始探索自然奇景吧！本书精选了多处最美丽的自然奇景，以精美的图片展现了世界各地最具代表性的景观。全书知识丰富全面，详尽准确，它会成为您开拓视野、增长知识的好朋友。

编　者

目录

CONTENTS

非 洲

大洋洲

美 洲

CONTENTS

南极洲

地球自然胜境

DIQIU ZIRAN SHENGJING

亚 洲

自然胜境

三　峡

长江浩荡奔流，横穿巫山，气势磅礴，形成了奇伟、雄险的长江三峡。景色秀丽的三峡是瞿塘峡、巫峡、西陵峡的合称。古往今来，多少文人墨客，为三峡壮丽的风光留下了众多美丽的诗篇……

长江三峡是我国长江上一段山水壮丽的大峡谷，居中国40佳旅游景观之首，是中国十大风景名胜之一。三峡西起重庆的白帝城，东到湖北的南津关，由瞿塘峡、巫峡、西陵峡组成，全长193千米，这是人们常说的"大三峡"。它是长江风光的精华、神州山水的瑰宝，闪烁着迷人的光彩。长江三段峡谷中的大宁河、香溪、神农溪的神奇与古朴，使这驰名世界的山水画廊气象万千。三峡的一山一水，一景一物，如诗如画，并伴随着许多美丽动人的传说。

长江三峡人杰地灵，不仅是风景胜地，还是文化之源。悠久的文化同旖旎的山水风光交相辉映，名扬四海。这里有许多著名的名胜古迹，如白帝城、南津关等。大峡深谷曾是三国的古战场，是无数英雄豪杰争霸之地；著名的大溪文化，在历史的长河中闪烁着奇光异彩。

绵长的长江穿过无数高山深谷，汇集成千流百川，浩浩荡荡地从四川盆地向东奔流，受到巫山山脉的阻挡。长江并不畏惧，如同一把

利斧，开山劈岭，横切巫山，在万山之中奔腾而过，形成了惊人、险峻、壮丽、雄伟的长江风光中最为迷人的三峡。

长江三峡两岸均为悬崖绝壁，江中滩峡相间，水流湍急，风光奇绝。两面陡峭连绵的山峰，一般高出江面 700 米～800 米。江面最狭处有一百米左右，随着规模巨大的三峡工程的破土动工，这里成了世界知名的旅游景点。

三峡旅游区的美景很多，其中著名的有丰都鬼城、忠县石宝寨、云阳张飞庙、瞿塘峡、巫峡、西陵峡等。巫峡的秀丽，西陵峡的险峻，瞿塘峡的雄伟，无不彰显出三峡的魅力。这里的溶洞奇形怪状，空旷深邃，神秘莫测；这里的江水汹涌奔腾，惊涛拍岸，百折不回。

瞿塘峡是长江三峡之一，西起奉节县白帝山，东至巫山县大溪镇，长 8 千米，是三峡中最短的但又是最雄伟、险峻的一个峡谷。瞿塘峡两端的入口处，两岸断崖壁立，相距不足 100 米，形如门户，名夔门，也称瞿塘峡关，山岩上有"坠门天下雄"五个大字。古人形容瞿塘峡："岸与天关接，舟从地窟行。"是因为瞿塘峡虽然短小，却汇集了全川的水，夺路争流，激起汹涌的浪涛，"镇全川之水，扼巴鄂咽喉"，有"西控巴渝收万壑，东连荆楚压群山"的雄伟气势。

巫峡在四川巫山和湖北巴东两县境内，西起巫山县城东面的大宁河口，东至巴东县官渡口，绵延 45 千米，包括金盔银甲峡和铁棺峡，峡谷特别幽深曲折，

长江三峡巫山地区文化积淀相当丰厚，有史可考的文化遗址遍布长江和大宁河两岸，多达一百七十余处

是长江横切巫山主脉背斜形成的。

巫峡又名大峡，以幽深秀丽著称。整个峡区奇峰突兀，怪石嶙峋，绵延不断，是三峡中最具观赏性的一段，宛如一条迂回曲折的画廊，充满了诗情画意。可以说巫峡处处有景，景景相连。巫山十二峰屹立在巫山南北两岸，是巫峡风光中的胜景，其中以俏丽动人的神女峰最为迷人，历代多情的文人墨客为神女峰注入了深邃的文化灵魂，深深地吸引着游人。

西陵峡在湖北秭归、宜昌两县境内，西起巴东县官渡口，东至宜昌县南津关，全长 120 千米，是长江三峡中最长的一个，且以滩多水急而闻名。西陵峡可分东西两段，两段峡谷之间为庙南宽谷，峡谷、宽谷各占一半。西段包括兵书宝剑峡、牛肝马肺峡和崆岭峡；东段则分黄猫峡和灯影峡（即明月峡）。峡中有川江五大险滩之中的青滩和崆岭滩。整个峡区由高山峡谷和险滩礁石组成，峡中有峡，大峡套小峡；滩中有滩，大滩含小滩。

兵书宝剑峡在长江北岸，有一群层次分明的岩石，看起来就像一堆厚书，还有一根上粗下尖的石柱，竖直指向江中，非常像一把宝剑，传说这是诸葛亮存放兵书和宝剑的地方，峡名由此而来。

崆岭峡内有崆岭滩，滩中礁石密布，枯水时礁石露出江面犹如石林，水涨时则隐没在水中成为暗礁，加上航道弯曲狭窄，只要稍微不小心船就会触礁沉没，所以它是长江三峡中的"险滩之冠"。

万里长江劈山开岭，冲过激流险滩，出南津关后，就进入了江汉平原。江面由 300 米一下子拓宽到 2 200 米，展现在大家面前的是一幅千舟竞发、绿野无垠的美丽画卷。

🔍 小百科

三峡工程是中国规模最大的水利枢纽工程，也是世界上装机容量最大的水电站。其坝址位于湖北省宜昌三斗坪，长江三峡中的西陵峡。坝址处多年平均流量为 14 300 立方米/秒，基岩为完整坚硬的花岗岩。

自然胜境
黄 山

以 "四绝" 冠绝天下的黄山，素有 "中国第一奇山" 之称。其实黄山的秀丽风景并不只有奇松、怪石、温泉、云海，还有峻峭、挺拔的神峰——莲花峰，有奇有险，威严壮观。黄山集天下名山之所长，堪称山之传奇。

中国山水画中，多以崇山峻岭、飞瀑流泉及苍松翠柏为主题，人们经常被这些意境深远的美景所吸引而心醉神往。黄山的美，更让它成为众多山水画家的首选素材，因此，亦真亦幻的黄山美景早已闻名中外。黄山位于安徽省黄山市，它被称为 "中国第一名山"。著名的地理学家徐霞客的评语 "五岳归来不看山，黄山归来不看岳" 成为对黄山的最佳诠释。

黄山奇松针叶粗短，苍翠浓密，干曲枝虬，千姿百态，或倚岸挺拔，或独立峰巅，或倒悬绝壁

黄山的美，在于山峰的高峻秀美。在黄山 154 平方千米的范围内，有七十多座千余米高的山峰，可见山峰密集的程度。之后这些粗粒花岗岩峰石又经历了风化、雨淋的作用，被剥蚀成姿态万千的怪石、奇柱与石笋，与山里的奇松、云海、温泉，合称 "四绝"。

莲花峰是黄山海拔最高的山峰，海拔为 1 873

米，主峰如蕊心，四周的石峰层次分明，像花瓣一样向蕊心聚集，远远看去就像天际中开放的莲花，山的名字由此而来。莲花峰高而险峻，虽已经修建了阶梯和山道，却因为过于陡峭而让游客胆战心惊。

"天都"指"天上都会"，也就是天仙聚会的地方。天都峰四面峭直，共有一千五百多个石阶，台阶十分陡峭，有的地方甚至呈 90° 的直角。长十余米的光滑石脊"鲫鱼背"是其中最险峻的，状如其名，两侧的光滑岩石如鱼脊直入深谷，这是被冰川切蚀的遗迹。从这里经过的人，都是心惊胆战，两腿发软。过了"鲫鱼背"，还要爬上90°的陡壁，才算是真的到了天都峰顶。

说起黄山，不可不说"黄山四绝"。

第一绝，怪石嶙峋。正是在这怪石的千变万化之中才能体会到黄山的独特。

黄山怪石向来以深、险、奇、幽闻名，而且每峰皆有怪石，怪石有的像人，有的像物，还有的像可爱的小动物，也有的什么也不像，只是形状奇特美丽。怪石还被人们起了一个个有趣的名字，例如"关公挡曹""骆驼钟""金鸡叫天门""猪八戒抱西瓜"等等，趣味盎然。

第二绝，奇松。黄山的美，还在于奇松的苍劲奇秀。

黄山松，以石为母，顽强地扎根于巨岩裂隙中。是由黄山独特的地貌、气候而形成的中国松树的一种变体。黄山松树数量多且姿态迥异，达百岁以上的松树约有万株，大多生长在 800 米以上的高山峭壁之中。黄山松的根深植盘错，使得松树能在悬崖断壁上生长，也能攀附在峭直的石壁上，独立不坠。黄山松中最著名的要数玉屏楼前的迎客松，它就立在门楼前，倾向一方，像个热情迎客的主人。此松号称黄山第一名松，已逾千岁，与附近的陪客松、望客松、送客松组成黄

山迎送客人的殷勤主人，非常有趣。

第三绝，云海。云海缥缈翻腾间，黄山之美尽现。

大凡高山，都可以见到云海，但是黄山是云雾之乡，以峰为体，以云为衣。其瑰丽壮观的云海以美、胜、奇、幻享誉古今，黄山的云海以"善变"著称，翻腾汹涌的云海，像海浪起伏，有人索性将黄山唤作"黄海"；轻柔、飘逸的云海，有人将它比作黄山的裙带，称它为山的"化妆师"。云海在山中穿梭缭绕时，使得松树、奇石神幻飘然，若隐若现。著名的"蓬莱三岛"就是在这样虚幻的景象中出现的。

依云海的分布方位，全山有东海、南海、西海、北海和天海；而登莲花峰、天都峰、光明顶则可尽收诸海于眼底，领略"海到尽头天作岸，山登绝顶我为峰"之胜景。在黄山观云海有这么一说，欲观前海得上玉屏楼，想观后海得上清凉台；要观东海得上白鹅岭，想观西海得上排云亭；要观天海就得上光明顶了。其中以玉屏楼前的前海景色最为壮观，天海的云由天际而来。

第四绝，温泉。"自古名山多聚泉"，黄山的温泉也为黄山增添了魅力。

黄山"四绝"之一的温泉，古称汤泉，源头就在海拔 850 米的紫云峰下，水质以含重碳酸为主，可饮、可浴。《黄山图经》记载，中华民族的始祖轩辕黄帝曾经在这里沐浴，消除了皱纹，返老还童，羽化飞升，因此这里的温泉声名大噪，被称为"灵泉"。返老还童自然是传说，但是温泉确实对人的身体很有益处。

黄山有 36 源、24 溪、20 深潭、17 幽泉、3 飞瀑、2 湖、1 池。

九龙瀑是黄山最壮丽的瀑布，源于天都、玉屏、炼丹、仙掌诸峰，自罗汉峰与香炉峰之间分九层倾泻而下，形如九龙飞降。每层有一潭，称九龙潭。古人赞曰："飞泉不让匡庐瀑，峭壁撑天挂九龙。"

🔍 小百科

黄山奇花异草，珍禽异兽种类繁多，有植物两千多种，其中，属于国家一级保护树种的有香果树、金钱松、黄山松、黄山杜鹃等；有动物三百多种，其中，梅花鹿、黑鹿、毛冠鹿、苏门羚等 14 种为国家级保护动物。

自然胜境
九寨沟

人间仙境九寨沟，尤以水闻名天下，有"黄山归来不看山，九寨归来不看水"之说。九寨沟集所有美景于一身：神秘莫测的湖泊，妙绝天下的瀑布，晶莹的雪峰，茂密的森林使人流连忘返。

　　九寨沟号称人间仙境，位于我国四川省阿坝藏族羌族自治州南坪县境内，是白水江上游白河的支沟。九寨沟纵深四十多千米，总面积六百多平方千米，三条主沟呈"Y"形分布，总长达六十余千米。由于交通不太方便，这里几乎成了一个与世隔绝的地方。仅有9个藏族村寨坐落在这片崇山峻岭之中，九寨沟因此而得名。这里保存着具有原始风貌的自然景色，有着自己的特殊景观。

　　九寨沟平均海拔在2 000米以上，原始森林遍布全沟，沟内分布着108个湖泊。九寨沟有五花海、五彩池、树正瀑布和诺日朗瀑布，五彩缤纷，风景绝佳，有"童话世界"之盛誉；并有大熊猫、金丝猴、扭角羚、梅花鹿等极其珍贵的动物。正因其独有的种种原始景观

和丰富的动植物资源而被誉为"人间仙境"。九寨沟是全国重点风景名胜区，是国家5A级旅游景区，已经被列入《世界遗产名录》。九寨沟还是全国唯——处拥有"世界自然遗产"和"世界生物圈保护区"

两顶桂冠的胜地。

九寨沟四季景色都十分迷人。春时嫩芽点绿，瀑流飞泻；夏至绿荫围湖，莺飞燕舞；秋来红叶铺山，彩林满目；冬季雪裹山峦，冰瀑如玉。

九寨沟的莽莽林海，随着季节的变化，幻化出各种色彩。初春，红、黄、紫、白各色的杜鹃点缀其间，之后，山桃花、野梨花相继吐艳，嫩绿的树木新叶夹杂其中，整个林海繁花似锦。盛夏则是一片绿色的海洋，新绿、翠绿、浓绿、黛绿，各种绿色都能见到，绿得是那样青翠，那样有生命力。深秋时节浅黄色的椴叶、绛红色的枫叶、殷红色的野果，深浅相间，错落有致，在暖色调的衬托下，湖水更蓝了。蓝天、白云、雪峰、彩林倒映于湖中，呈现出光怪陆离的水景，整个山区似一幅独具匠心的巨幅油画。到了冬天，白雪皑皑，玉树琼花，银装素裹的九寨沟显得是那样洁白、高雅。

九寨沟是大自然的杰作。山妩媚，水晶莹；山偎水，水绕山；树在水边长，水在林中流。山水相映，林水相亲，景色秀美，环境清幽，是集色美、形美、声美于一体的综合美。如果说世界上真的有人间仙境，那必然就是九寨沟。九寨沟的景点有很多，如宝镜岩、盆景滩、芦苇海、五彩池、镜海、犀牛海和长海等。九寨沟的景观主要分布在树正、诺日朗、剑岩、长海、扎如、天海这6大景区内，并且以3沟、118海为代表，包括5滩、12瀑、10流等主要景点，与9寨12峰联合组成高山河谷的自然景观。

九寨沟动植物资源丰富，种类繁多。有大熊猫等十多种稀有、珍贵的野生动物栖息在这里。

在日则沟有几处瀑布最为有名。宽310米、高28米的珍珠滩瀑布和珍珠滩相连，瀑面呈新月形，宽阔的水帘似拉开的巨大环形银幕，瀑声雷鸣，飞珠溅玉，气势磅礴。珍珠滩瀑布就像一面巨大晶莹的珠帘，从陡峭的断层处飞泻而下，"滚滚银花足下踩，万顷珍珠涌入怀"就是形容置身于这流琼飞玉的瀑布前的

九寨沟蓝天、白云、雪山、森林，尽融于瀑、河、滩，缀成一串串宛若从天而降的珍珠

真实感受。高 78 米、宽 50 米的熊猫湖瀑布，是九寨沟落差最大的瀑布，在寒冷的冬季则成为璀璨耀眼的冰晶世界，蔚为奇观。

妙不可言的五花海远近驰名。湖水一边是翠绿色的，另一边却是湖绿色的，湖底有一丛丛灿烂的珊瑚，在阳光的照射下，五光十色，非常美艳。五花海有"九寨精华"和"九寨一绝"的美名。五花海是九寨沟的骄傲，站在五花海的最高点，也就是在老虎石上俯视，可以饱览五花海全景。

九寨沟四季景色迷人，气候适宜，成为大熊猫栖息的理想家园

九寨沟是名副其实的山清水秀，水色使山林更加葱郁，山林使水色更加娇艳，绝妙美景，相辅相成。湖水从树丛中层层跌落，形成了罕见的林中瀑布，湖下有瀑布，瀑布再倾泻到下面的湖中，湖瀑孪生，层层叠叠，相衔相依。静中有动，动中有静，动静结合，蓝白相间的瀑布构成了宁静翠蓝和洁白飞泻并存的奇景。

随着海拔的升高，九寨沟的景观也在不断地变化，由低到高，由简到繁，移步换景，且步步引人入胜。九寨沟的景观如同一曲气势磅礴的交响乐，由序幕的平静到高潮的澎湃，给人留下了无法忘怀的绝美感受。排列有序的九寨沟景点给人以强烈的视觉冲击。作为一个数十平方千米的游览区，九寨沟景点之多，景观之美，观光内容之丰富，在全世界也实属罕见。

小百科

九寨沟的植物种类繁多，整个范围内原始森林面积达二百多平方千米。山坡植被垂直带谱保存完整。阔叶树和油松、华山松、黄果冷杉等针叶树混交生长；方杉、箭竹等植物也在此地生长。

自然胜境

吐鲁番火焰山

"这里有座火焰山，无春无秋，四季皆热，那火焰山有八百里火焰，四周寸草不生。若过得山，就是铜脑袋、铁身躯，也要化成汁哩！"这是《西游记》中关于火焰山的描写，实际虽无此夸张，但情况基本相符。

火焰山，当地人也将其称为"土孜塔格"。"土孜塔格"是"红山"的意思。火焰山位于我国吐鲁番盆地中部，呈东西走向，东起鄯善县兰干流沙河，西至吐鲁番桃儿沟，是一条蜿蜒起伏的红色山峰。这是一座年轻的褶皱低山，东西长约一百千米，南北宽7千米～10千米，平均高度为500米。火焰山的最高峰位于胜金口附近，海拔约八百五十一米，主要由赤红色砂、砾岩和泥岩组成。山体曲折雄浑，由于古代水流的冲刷，山坡上布满了道道沟渠。由于土壤的组成成分不适宜植物生长，山上寸草不生，而且常常被风化沙层覆盖。夏天，灼热的阳光下，红色的砂岩上有绛红色烟云蒸腾缭绕，热气不断地上升，红色砂岩似团团烈焰在燃烧，熠熠发光，火焰山由此而得名。

吐鲁番境内现存的古城建筑有高昌故城和交河故城等。高昌故城位于吐鲁番市以东偏南约46千米火焰山乡所在地附近

火焰山很早就已名扬天下，这要归功于吴承恩所著的中国古典小说《西游记》。正是《西游记》为火焰山披上了一层神秘的面纱，使它成为

了一座奇山。

《西游记》中第 59 回写的是"唐三藏路阻火焰山，孙行者三调芭蕉扇"的故事。在小说中，火焰山的来历是孙悟空大闹天宫时，蹬倒了太上老君的炼丹八卦炉，有余火落到地上，化生出来的。现在柏克里克千佛洞前的"吐鲁番丝路艺术馆"为吸引游客，修建了一些建筑，再现了《西游记》中有关的故事情节。唐僧取经的群塑形态生动，表情逼真，来此观瞻照相的中外游人接连不断，这里已经成为火焰山最受欢迎的旅游景点之一。

关于此山的形成还有一个生动的传说：远古时，天山有一条恶龙，吃了很多童男童女。有一位青年，叫哈拉和卓，决心降伏恶龙。他手执宝剑，与恶龙整整激战了三天三夜，终于把恶龙腰斩，并把它斩成了 10 截。恶龙终于死掉了，身体变成了一座红山，被斩开处就是山中的峡谷。其实，火焰山形成于大约五千万年前的喜马拉雅造山运动时期，由于地壳横向地发生褶皱运动，因而形成了一系列的背斜构造。经历了漫长的地质岁月，跨越了侏罗纪、白垩纪等几个地质年代，最终形成了今天这样的地貌。

自古以来关于火焰山的记载有很多，唐朝边塞诗人岑参有几首诗是专门为火焰山而创作的，如：

　　"火山突兀赤亭口，火山五月火云厚。

火云满山凝未开，飞鸟千里不敢来。"

又如：

"火山六月应更热，赤亭道口行人绝。"

明代诗人陈诚也有诗作流传：

"一片青烟一片红，炎炎气焰欲烧空。

春光未半浑如夏，谁道西方有祝融。"

火焰山是我国最炎热的地区之一，夏季平均气温高达47℃。据说，山顶气温有时可以达到80℃。每当盛夏，红日当头，地气蒸腾，焰云缭绕，赭红色的山体形如飞腾的火龙，十分壮观。

火焰山有几处著名的景点。拴马桩和踏脚石，这两处都在吐鲁番市胜金乡西南10千米处。据说，当年唐僧去西天取经，路过此处，曾把白龙马拴在石柱上，拴马桩由此而得名。在拴马桩不远处，有一巨石，相传是唐僧上马时用的踏脚石。维吾尔人把拴马桩称为"阿特巴格拉霍加木"。维吾尔人的传说是在穆罕默德时代，有个叫艾力的圣人，来到了火焰山，曾把马拴在石柱上，以后人们就把这根石柱叫"阿特巴格拉霍加木"（意为拴马桩）以示纪念。

火焰山由于方圆几十千米内都寸草不生，显得非常荒凉，但是由于地壳运动断裂与河水切割，山腹中却留下了许多沟谷，那一条条穿过山体的沟谷与荒山秃岭的火焰山形成了极为强烈的对比。沟底大多是清泉淙淙、绿树成荫，形成了一条条狭长的绿洲。其中最著名的河谷就是闻名遐迩的葡萄沟，此外还有木头沟、胜金口沟、苏巴什沟、连木沁沟等河谷，但都远不及葡萄沟富饶、美丽。传说，现今的火焰山就是染血的恶龙遗体化成的，而恶龙流出的鲜血则化成了葡萄沟、木头沟等汩汩清流。

火焰山的奇特景致是世界上独一无二的，这里燃烧着高山和甜美的瓜果，一直吸引着中外游人。

🔍 小百科

葡萄沟是火焰山西侧的一个著名峡谷。那里悬崖耸峙，崖壁陡峭，如巨大屏障般立于火焰山之中。峡谷两边绿树葱郁、层峦叠翠，且树木排列得错落有致。沟内淙淙溪流曲折环绕，溪水也尤为清澈、纯净。

自然胜境

加德满都山谷

美丽的加德满都山谷，有纯净的天空，让每个人都襟怀开阔；白雪封顶的绝峰遥指蓝天，这里是那么明丽、自然。这些原始的自然景观总能带给人们最直接的心灵震撼。

在尼泊尔，处处都是风景。有最著名的奇它旺国家公园，公园里有着最为丰富的动植物生态景观，还有就是加德满都山谷。加德满都山谷坐落在印度与西藏之间，喜马拉雅山脉南麓海拔约一千五百米处，是尼泊尔的心脏。巴格马蒂河和其支流从谷地穿过。整个山谷东西长 32 千米，南北宽 25 千米。

传说，在混沌初开的远古时代，加德满都山谷是一个大湖，湖面上生长着一朵奇异的莲花，散发着令人敬畏的光华。前来膜拜这个圣迹的人很多，其中就有来自于中国的高僧文殊菩萨，他希望这朵莲花能在山谷里绽放，于是用剑在湖边的山背上劈开一个豁口，让湖水从那里涌出，这便是加德满都谷地的由来。

美丽的加德满都山谷，天空湛蓝，白雪皑皑的峰顶与湛蓝的天空相接，色彩鲜明、自然。尤其是山谷中的那嘎库特地区，风光秀丽，空气清新，光线充足。在过去的几百年间，这里一直是尼泊尔历代国王的疗养地。而且这里也是尼泊尔境内观赏日出和日落的最佳地点。那嘎库特还有一个美丽的别名——8 000 米雪山的观景台。原因是这里正对着喜马拉雅山脉中包括珠穆朗玛峰在内的二十多座海拔 6 000 米以上的高峰。这些世界著名的雪峰绵延起伏，极为壮观。那雄伟壮丽的雪峰景观，带给人们直达心底的震撼。

加德满都山谷中褐色的丘壑、曲折流淌的许多河流，以及青翠的山峦和远处的雪峰，都让人们有一种因欣赏原始自然景观而所发出的惊

叹。绚丽的朝霞，火红的云海，将谷地晨夕的天空映衬得如此壮观，成为别于蔚蓝天空的又一景观。这就是神秘奇伟的加德满都谷地。

加德满都城是尼泊尔的首都，位于加德满都河谷西北部，四周群山环抱，阳光灿烂，四季如春，素有"山中天堂"的美称，其面积五十余平方千米，曾经是尼泊尔历史上的首都与宗教中心。加德满都是一座拥有一千多年历史的古老城市，它以精美的建筑艺术、木石雕刻而成为尼泊尔古代文化的象征。到了 12 世纪，李查维王朝国王用一棵独木建造了一座塔庙，这就是城市的中心。后来城市就一直围绕着塔庙扩建。到了 1593 年，这里改名为"加德满都"，意思就是"独木庙"。加德满都是连接中国和印度之间的交通要道，而印度教、佛教、藏传佛教三教便汇聚于此，因此城内修建了大量的寺庙和佛塔，尼泊尔历代王朝在这里修建了数目众多的宫殿、庙宇、宝塔、殿堂、寺院等，在面积不到 7 平方千米的市中心有佛塔、庙宇二百五十多座，全市有大小寺庙两千七百多座，真可谓"五步一庙、十步一庵"，形成了寺庙多于住宅、佛像多于居民的独特景观。因此，有人把这座城市称为"寺庙之城"，或者"露天博物馆"。

神秘的加德满都山谷，既有最秀美的自然风光，也是宗教文化的集汇地，古老文明在这里长久流传。

 小百科

加德满都是尼泊尔首都，是全国经济、文化和交通中心，位于喜马拉雅山脉南麓加德满都谷地巴格马蒂河与比尚马蒂河汇合处。加德满都城始建于公元 8 世纪，是佛教圣地，以市中心的加斯达满达尔寺最为有名。

自然胜境

珠穆朗玛峰

世界第一高峰——珠穆朗玛峰，高高矗立在喜马拉雅山脉上。耸入云霄的峰顶终年白雪皑皑，云遮雾绕，神秘莫测，一直以来，它被人们尊为圣山。雄伟壮观、巍峨挺拔的珠穆朗玛峰，沉默地见证着自然界的沧海桑田。

　　珠穆朗玛峰简称珠峰，位于中国和尼泊尔交界的喜马拉雅山脉上。珠峰是世界第一高峰，海拔高 8 848.86 米。喜马拉雅山脉和珠穆朗玛峰都是以藏语命名的。"喜马拉雅"在藏语中是"冰雪之乡"的意思，缘于山脉常年积雪，云雾缭绕；而"珠穆朗玛"藏语意为"女神第三"。在神话中，珠穆朗玛峰是天女居住的宫室，因此珠峰也被称为圣女峰。

　　珠穆朗玛峰是喜马拉雅山脉上最高的山峰，山体呈巨型金字塔状，地形极端险峻，环境异常复杂。峰顶空气稀薄，空气的含氧量很低，只有东部平原的1/4左右，还经常刮大风，一般是 7 级~8 级风，12 级大风也不是很罕见。由于海拔极高，珠峰峰顶的最低气温常年在 −30℃，山上的一些地方常年积雪不化，形成了冰川。珠峰峰顶共有六百多条冰川，大多是由积雪变质而成，总面积 1 600 平方千米，平均厚度 7.26 千米，最长的一条冰川长达 26 千米。每当旭日东升，巨大的冰峰在红光照耀下折射出七彩光线，绚丽非凡。除此之外，冰川上还有许多奇特的自然景观，如千姿百态、瑰丽罕见的冰塔林，也有高达数十米的冰陡崖和步步陷阱的明暗冰裂隙，还有险象环生的冰崩、雪崩区。虽然布满危险，但世界各地的游客却在此流连忘返。

　　珠峰气势磅礴，威武雄壮，在它周围的 20 平方千米范围内，群

峰林立，层峦叠嶂。较著名的有洛子峰（世界第四高峰，海拔 8 463 米）和卓穷峰（海拔 7 589 米）等。在这些巨峰的外围，还有许多世界级的高峰与之遥遥相望：东南方向有干城章嘉峰（世界第三高峰，海拔 8 585 米，位于尼泊尔和锡金的交界）；西面有格重康峰（海拔 7 998米）、卓奥友峰（海拔 8 201 米）和希夏邦马峰（海拔 8 012 米）。众峰相对而立，形成了群峰来朝、峰涛汹涌的壮阔场面。

珠峰地区及其附近高峰的气候复杂多变，一年四季之间的气候气温变幻莫测，即使在短短的时间内也可能翻云覆雨。但大体上说，每年 6 月初~9 月中旬是雨季，强烈的东南季风造成恶劣的气候，暴雨频繁、云雾弥漫、冰雪肆虐无常。每年的 11 月中旬至第二年 2 月中旬，受强劲的西北寒流控制，气温最低时可达 –60℃，平均气温也在 –50℃ ~ –40℃，最大风速达 90 米/秒。在一年中只有两段时间是游览登山的好时候：第一段是 3 月初~5 月末，第二段是 9 月初~10 月末，然而在这两段时期，天气状况也很不确定，实际上适合游览的好天气也就大概二十天。

虽然自然环境十分恶劣，但在这样酷寒的山脉中仍然有许多珍稀物种存在。1989 年 3 月，珠穆朗玛峰国家自然保护区宣告成立，保护区面积 3.38 万平方千米。保护区内珍稀、濒危生物物种极其丰富，里面有 8 种国家一级保护动物，如长尾灰叶猴、熊猴、喜马拉雅塔尔羊、金钱豹等等，黑熊和红熊猫也是喜马拉雅山珍贵的动物物种。

珠峰一直是世界登山家和科学家向往的地方。但是由于条件太过

恶劣，这座山峰曾被人们认为是生命的禁区，多个世纪以来，都是可望而不可即的地方。从1921年英国登山队正式攀登珠峰开始，世界各地的优秀登山家曾经多次尝试接近这座伟大的山峰，直到1953年5月29日，英国登山队的新西兰人希拉里和尼泊尔人丹增·诺盖由尼泊尔一侧（即珠峰南侧）攀登珠峰成功，这是第一次有人站在世界之巅的顶峰。

1939年—1946年因第二次世界大战，整个喜马拉雅山高山登山活动，处于停顿状态

正应了中国的一句古话："万事开头难。"英国登山队的首次登顶成功，证明地球上的"第三极"也可以被人类所征服。这是一次开创性的事业，它为以后各国登山运动提供了极其宝贵的经验。

在1960年5月25日凌晨4时20分，中国登山运动员王富洲、贡布（藏族）、屈银华由珠峰北侧成功登上地球最高峰，这是中国人第一次登上珠峰，也是人类历史上第一次从北侧登上地球之巅。

小百科

板块运动是一板块对另一板块的相对运动，其运动方式是绕一个极点发生转动，其运动轨迹为小圆。板块运动的驱动力一般认为来自地球内部，最可能是地幔中的物质对流。

自然胜境

贝加尔湖

贝加尔湖是世界七大奇观之一，其生物资源丰富，而且有很多美丽的景观，但如果你问它哪里最美，我们又很难具体说出哪儿才是最美的，因为所有的景色都美得让人无法形容。

贝加尔湖——世界上最深的湖泊，也是亚欧大陆最大的淡水湖。

贝加尔湖位于俄罗斯东西伯利亚高原南部，是俄罗斯容量最大、湖水最深的淡水湖。贝加尔湖的名称源自蒙古语，意为"富饶的湖泊"。湖上风景秀美、景观奇特，湖内物种丰富，是一座集丰富自然资源于一身的宝库。贝加尔湖的形状犹如一弯新月，所以又有"月亮湖"之称。

贝加尔湖是世界上最古老的湖泊之一，大约于两千五百万年前形成。贝加尔湖狭长弯曲，面积约三千一百五十平方千米，居世界第八位。该湖泊平均水深 730 米，最深处达 1 620 米。在贝加尔湖周围，总共有大小 336 条河流注入湖中。虽然有许多条河流注入贝加尔湖，但只有一条河——安加拉河从湖泊流出。在冬季，湖水会冻结至 1 米以上的深度，历时 4 个月~5 个月。尽管贝加尔湖湖面有 5 个月的时间封冻，冰面约九十厘米厚，平均气温 -38℃，但阳光却能透过冰层将热能输入湖水，形成"温室效应"。因此，有利于浮游生物繁殖，从而直接或间接地为其他各类水生生物提供食物，促进水生生物发育成长。这里相对适宜的气候、美丽的风景、大量的自然和考古遗迹、不同种类的生物群、清新的空气、原生态环境，以及独特的休闲资源使得贝加尔湖吸引了大量游客。贝加尔湖独特的自然景观和它如画的风光，为发展生态旅游和极致旅游提供了可能性。它是被第一批列入

联合国教科文组织世界自然遗产名单的俄罗斯自然景观。

贝加尔湖上最大的岛屿是奥利洪岛，长 71.7 千米，最宽处 15 千米，面积约为七百三十平方千米。奥利洪岛是公元 6 世纪—10 世纪最大的古文化中心，并被认为是萨满教的宗教中心。这里的民族传统、习俗，以及独特的民族特征都被完整地保存了下来。

贝加尔湖的野生动物，最为引人注目的当数贝加尔海豹了。这种海豹的皮毛色泽美丽，质地优良。在贝加尔湖，贝加尔海豹的数量特别多，它们喜欢成群结队地活动。环斑海豹也是当地的标志性动物，而它们原本的主要栖息地是贝加尔湖北部的乌什卡尼群岛。环斑海豹除浮出水面换气外，大部分时间潜在水下。所以只有在那里的沙滩上，才可以近距离观察它们。由于海豹一般是生活在海水中的，人们曾认为贝加尔湖有一条地下隧道与大西洋相连。实际上，海豹可能是在最后一次冰期中逆流而上来到贝加尔湖的。而贝加尔湖中的海豹，是世界上唯一的一种淡水海豹。

湖的沿岸生长着由松树、云杉、白桦和白杨等组成的密林，山地植被分为杨树、杉树和落叶树、西伯利亚松和桦树，植物种类有几百种。乘直升机从空中可以看到，这里河汊纵横，植物生长茂盛，覆盖率极高，当地的自然生态受到了极好保护。

贝加尔湖的景色季节性变化很大。夏天，尤其是 8 月，是它的黄金季节。湖水变暖，山花烂漫，甚至连石头也像山花一样绚丽，在阳光下闪烁着奇异的光彩；太阳把萨彦岭落满白雪的山峰照得光彩夺目，放眼望去，仿佛比它的实际距离移近了数倍；鱼儿也大大方方地相约在岸边，伴着海鸥的啾啾啼鸣在水中嬉戏。冬天，凛冽的寒风把

湖水表面冻成晶莹剔透的冰块，看上去显得很薄，水在冰下缓缓流动，宛如从放大镜里看到的水流。

贝加尔湖被誉为"西伯利亚明眸"，因为这里的湖水透明度竟深达40.5米，而且湖水杂质极少，清澈无比。湖水清澈的原因据说是因为湖底时常发生地震，地震产生的化学物质沉淀下去，使湖水净化，所以贝加尔湖总是清澈见底。还有一个原因是湖里生活着大量的钩虾等端足类动物，这类动物能够分解水藻和其他水生生物的尸体，从而使贝加尔湖具有"自体净化"功能。而且，贝加尔湖属于贫营养湖，水中的氮、磷等营养元素含量很低，所以藻类植物的密度也很小。这些因素共同作用才使得湖水如此晶莹美丽。

贝加尔湖西岸的佩先纳亚港湾像马掌一样钉在深灰色岩群之间。两侧立着大大小小的悬崖峭壁。高跷树生长在沙土山坡上，大风从树根下刮走土壤，而树根为了生存，就深深地扎入土壤，显示出顽强的生命力。有的树根从地表拱出来，成年人甚至可以在根下自由穿梭。

美丽富饶的贝加尔湖，在世人心中，一直有着神奇的色彩！

小百科

白桦亦称"桦木""粉桦"，桦木科，落叶乔木。桦树树干端直，树皮白色，纸状，分层脱落；叶三角状卵形，有重锯齿。桦树喜光，抗寒，多分布于中国、朝鲜半岛、日本北部、俄罗斯西伯利亚东部。

自然胜境

西伯利亚冻原

浩瀚无垠的西伯利亚冻原地带，位于地球北极的冰帽附近。那里土壤坚硬，温度极低，湖泊和沼泽星罗棋布，是耐寒动物的栖息之地。被称为"地下居住者"的猛犸就曾生活在这片寒冷的土地上。

冻原又称苔原，指在北极附近和温带山地树木线以上、生长着低矮植被和地下永冻层的地带。冻原气候寒冷，每年仅有极短的植物生长期，只有一些低矮耐寒的木本、多年生草本植物，以及苔藓和地衣生长。在地球北极的冰帽附近、俄罗斯北部，有一片寒冷的平原，这就是西伯利亚冻原。

西伯利亚冻原位于西伯利亚北部，沿北极冰盖边缘绵延 3 200 千米，是一片广阔的大平原，是欧亚大陆最北部泰梅尔半岛的典型景观。在这里，湖泊和沼泽星罗棋布，大部分地区长满了苔藓。冻原的下层土都是永久冻土，最厚的冻土层深达 1 370 米。不少猛犸的遗骸，包括完整的猛犸尸体保存在永久冻土层中，1799 年一名寻找象牙的人在利纳半岛发现了一具几乎完好无损的猛犸尸体，直到 1803 年才完全将其挖掘出来，后来尸骨交给科学家进行研究，但一直未找到猛犸的灭绝原因。几个世纪以来，西伯利亚人从冻土中挖出了很多猛犸的长牙卖给象牙商。

西伯利亚冻原的夏季十分短暂，每年有 3 个月太阳不落。即使在仲夏，阳光也很微弱，气温也只有 5℃ 左右。冬季有一段时间全是漫漫长夜，冬季的极夜现象要比夏季太阳不落的时间短一些。在冬天的极夜时间里只能看到月光，偶尔还会见到极光。冬季的气温会降到 -40℃ 以下，甚至更低。而夏季持续时间短，气温又低，所以留给植

物开花和结果的时间很短。这里的植物大多是多年生的，为了躲避冷风的袭击，都长得十分矮小，生长得极为缓慢。

贝兰加山地在冻原北部，处在泰梅尔半岛上。在贝兰加山地的南侧是泰米尔湖，这是北极最大的湖泊，面积很大，但深度只有三米左右。春天，湖里充满融水，夏天有 3/4 的水流入河流，而在冬天全部冻结。湖岸上栖息着麝牛和驯鹿。旅鼠在苔藓下打洞穴居，北极狐和雪鸮则主要以它们为生。狼也经常在这里出没，主要的捕食对象是驯鹿和麝牛。

入冬后西伯利亚冻原的许多动物，便向南迁徙到较为温暖的地方，鸟类也是这样。在夏天，湖泊和小岛就成了红胸雁等水鸟筑巢产卵的理想之地。在西伯利亚的西部，从鄂毕河延伸到乌拉尔山脉都是沼泽和洼地；稀有的西伯利亚鹤就在鄂毕河下游度过夏天，翩翩起舞向伴侣求爱。在夏秋之交，冻原的鲜花、浆果和秋叶呈现出黄、橙、红色，鲜艳夺目。

在泰梅尔半岛有许多地方都是龟裂冻原，这是一种特殊地貌，由垄埂把沼泽和小湖割成了不规则的蜂窝状。这是由于解冻和冰冻不断循环，最终使地面开裂形成的。在裂缝中形成的冰楔逐渐产生强大的压力，使地面凸起成垄状，解冻的泥土和融化的冰沿坡而下，聚成了湖沼。

西伯利亚冻原上虽然植被和动物不多，但是具有独特的价值。近几年，在浩瀚无垠的冻原内地，侦察队发现了丰富的钻石矿脉，使冻原更加吸引人们的眼球。

🔍 小百科

猛犸亦称"毛象""猛犸象"，是古老的哺乳动物。它的大小近似现代象，体被棕色长毛，上门齿向上弯曲。猛犸生存于亚欧大陆北部及北美洲北部更新世晚期的寒冷地区。中国东北、内蒙古、宁夏等地也曾有化石发现。

自然胜境

富 士 山

"**玉**扇倒悬东海天"，富士山那最为优美的圆锥状山体，是日本民族最引以为傲的象征。富士五湖、富士樱花，花映水色、湖映山色，湖光、山色、花容，一直是世界闻名的胜景。

富士山是日本第一高峰，是日本民族的象征，被日本人誉为"圣岳"，它也是世界最美丽的高峰之一，兀立云霄的山顶，终年白雪皑皑。富士山下湖光山色，景色十分美丽。这里有原始森林、瀑布和山地植物，一年四季自然景色妩媚之至。

富士山位于日本的首都东京西南约八十千米的地方，面积九十多平方千米。它是静冈县和山梨县境内的活火山，它的主峰海拔约三千七百七十六米，属于本州地区的富士箱根伊豆国立公园。富士山山体呈圆锥状，很像一把倒挂悬空的扇子，"玉扇倒悬东海天""富士白雪映朝阳"等都是赞美它的著名诗句。在富士山周围100千米以内，人们就可看到富士山美丽的锥形轮廓。

富士山和其他的高峰一样，有层次分明的特点：山上有植物两千余种，海拔500米以下是亚热带常绿林；海拔500米~2 000米是温带落叶阔叶林；海拔2 000米~2600米是寒温带针叶林；海拔2 600米以上是高山矮曲林带，而山顶常年积雪。总体看来，自高海拔至山顶一带，山体均被火山熔岩、火山沙覆盖，因此，这一区域既无丛林也无泉水，登山道也很不明显，仅在沙砾中有弯弯曲曲的小道；而在海拔3 000米以下直至山脚一带，却有广阔的湖泊、丛林、瀑布，风景非常秀美。

富士山曾有火山喷发史，由于火山喷发，山麓处形成了无数山洞，千姿百态，十分迷人。有的山洞至今仍然有喷气现象，有的则已死气沉沉，冷若冰霜。富士山风穴内的洞壁是最美的，上面结满钟乳

石似的冰柱，终年不化，被叫作"万年雪"，是极为罕见的奇观。山顶上有大小两个火山口，大的火山口直径800米，深200米。当天气晴朗的时候，站在山顶就可以看到云海风光。

富士山周围，分布着5个淡水湖，统称为富士五湖，这是日本著名的观光度假胜地，从东到西分别为山中湖、河口湖、西湖、精进湖和本栖湖。山中湖是五湖中最大的，面积约6.75平方千米。湖东南的忍野村，有通道、镜池等8个池塘，总称为"忍野八海"，与山中湖相通。河口湖是五湖中交通最方便的，已成为富士五湖的观光中心。湖中映出的富士山倒影，成为富士山胜景之一。湖中的鹈岛是五湖中唯一的岛屿。岛上有一座专门保佑孕妇安产的神社。湖上还有长达1 260米的跨湖大桥。西湖又名西海，是五湖中最安静的一个湖。西湖岸边有红叶台、青木原树海、鸣泽冰穴、足和天山等风景区。据说，西湖与精进湖本来是相连的，后来因为富士山的喷发而分成了两个湖，但是至今这两个湖底仍是相通的。

富士五湖中最小的是精进湖，湖岸上有许多高耸的悬崖，地势复杂，虽然很小，但它的风景却是最独特的。湖水最深的是本栖湖，最深处达126米。湖面呈深蓝色，终年不结冰，透出一种神秘气息。

富士山的南麓有一片辽阔的高原地带，是绿草如茵、牛羊成群的牧场。山的西南麓是著名的白系瀑布和音止瀑布。白系瀑布落差达26米，从岩壁上分成十余条细流，就像无数白练自空而降，形成一个宽一百三十多米的雨帘，极其壮观；音止瀑布就像一根巨柱从高处冲击而下，声如雷鸣震天动地。

富士山山麓上，还有面积达74万平方米的富士游猎公园，其中生活着四十余种、一千多头野生动物，这当中包括三十多头狮子。游人可以驾驶汽车，在公园内观赏各种珍稀动物。除此之外，富士山还有幻想旅行馆、昆虫博物馆、奇石博物馆、植物园、野鸟园和野猴公园等景区。

20世纪以来，富士山以其独特的魅力吸引着无数游人。

小百科

富士五湖都属于堰塞湖。堰塞湖是因地震、山崩、滑坡、泥石流、冰碛物或火山喷发的熔岩和碎屑物堵塞河流而形成的湖泊。这些突如其来的堵塞物往往可以使河流上游涌水，致使上游的城镇、土地遭受洪灾，带来重大灾难。

自然胜境

三色湖

神秘美丽的三色湖，有许多传说。传说不同颜色的湖水有不同的使命：红水湖，是巫师亡灵居住的地方；旁边的绿水湖居住着罪人的灵魂；而浅青色的湖，则是处女和婴儿灵魂的居所。

印度尼西亚是世界上最美丽的国家之一，有"赤道上的一串翡翠"之名。这里的热带风光美丽如画，神秘的"三色湖"更是美誉世界的胜景。

这个奇异的三色湖就位于印度尼西亚佛罗勒斯岛上的克利穆图火山山巅。三色湖距英德市有 60 千米。它是由三种不同颜色的火山湖组成的，它们彼此相邻，而湖水颜色各异。按水面颜色，三色湖分左湖、右湖、后湖三个部分：其中较大的一个火山湖即左湖，湖水呈鲜红色，红似火焰；与其相邻的是右湖，湖水呈绿色；后湖湖水呈浅青色，蓝比天空，水天一色，山景水色相映成趣，美丽无比。艳红的左湖直径约四百米，水深达六十米。其他两湖的宽度也都在二百米左右。

《印尼大百科全书》（1982 年出版）中记载，三色湖是很久以前克利穆图火山爆发形成的。现在的克利穆图火山已经成了死火山，三色湖原本是克利穆图火山以前爆发时形成的火山口。长期以来，这三个火山口逐渐积水成湖，而这些火山湖里的湖水，据说是因为含有不同的矿物质，所以呈现出不同的颜色。艳红色的湖水中含有大量的铁矿物质，绿色和浅青色的湖水中含有丰富的硫黄。每当中午时分，三色湖湖面上轻雾缭绕，仿佛笼罩着一层薄纱，朦朦胧胧，格外迷人；但是一到下午，整个湖面却是乌云密布，几乎完全遮住了日光，阴沉得可怕。劲风将湖里的硫黄气味吹起，使得"三色湖"上有阵阵刺鼻的气味，令人难以忍受，人们会感到自己仿佛不是在优美的景区里，

而是置身于另一个世界。

了解了三色湖，我们不禁要问，三个如此相近的湖泊，湖水为什么会有如此不同的颜色呢？认为三色湖的湖水里面含有不同的矿物质而呈现出不同颜色的传统说法受到了质疑。现在，有专家认为很可能是湖水中的矿物质成分也在变化，才使三色湖湖水颜色各异。而且，三色湖在 20 世纪之后曾有多次的颜色

三色湖里富含铁矿物质，湖水就呈鲜红色，绿色和浅青色的湖水，则是含有不同含量的硫磺

变化，20 世纪 30 年代时湖水的颜色和现在一样，到了 20 世纪 60 年代曾分别变为咖啡色、棕红色和蓝色，有一段时间，还曾变为黑色、绛紫色和蓝色。即使在一天之内，三色湖的颜色也有多次变化。三色湖上午和下午截然不同的景象，一直是科学家探索的谜题。

三色湖周围群山环抱，层峦叠嶂、奇石矗立。站在山巅远眺，小河、密林、湖水尽收眼底。三色湖的岸边绿树成荫，林木葱茏，浅水处芦苇丛生，有成群的天鹅嬉戏其间。湖中水生植物繁茂，鱼的种类繁多。不远处，从陡峭的山崖上直泻而下的银白色瀑布形成了蜿蜒曲折的河流，在深深的山谷里静静流淌，淙淙流水更衬托出周遭的宁静。

在三色湖周围地区，流传着这样一个古老的传说：很久以前，在克利穆图的火山脚下，有一对年轻人相爱了，他们发誓要结为夫妻，永远在一起，没想到却遭到双方父母的强烈反对。他们结伴来到充满神秘色彩的三色湖畔，投入到艳红色的湖水中，殉情而死。因此，当地居民每逢佳节都将丰盛的祭品投到湖里，祈求天神保佑这对忠贞的恋人，愿世界上所有真心相爱的人能最终走到一起。

红、绿、青，神秘而美丽的独特天然奇景——三色湖不仅是印尼著名的旅游胜地，也是闻名世界的胜景。

🔍 小百科

印度尼西亚在亚洲东部。全称印度尼西亚共和国。有一百多个民族，爪哇人占大多数，印度语为国语，居民大多信奉伊斯兰教。首都是雅加达。自然资源丰富，拥有石油、天然气、煤、锡等，而且地热资源丰富。

自然胜境
格雷梅国家公园

格雷梅国家公园与卡帕多西亚奇石区的地貌景观类似，多形状怪异、奇特的岩石。那些林立的奇石，不但形状各异，颜色也各不相同，这是长年风吹日晒的结果。

格雷梅国家公园位于土耳其中部的安纳托利亚高原上，在内夫谢希尔、阿瓦诺斯、于尔居普这三者之间，是一片呈三角形的地带。这个海拔1 000米以上的高原，充满了神秘诡异的气氛，让人联想到世界末日，不寒而栗。如果说，是自然赋予卡帕多西亚独特的景观的话，那么真正使这里成为谜一样地方的则是格雷梅园家公园奇诡的景色。

格雷梅国家公园多处在火山岩高原上，火山岩高原是由远古时代五座大火山喷发出来的熔岩形成的。因为火山岩岩石质地较软，孔隙多，抗风化能力较差，因此经过长年的风化、流水侵蚀，形成了许多奇形怪状的断岩、石笋和岩洞。这里的山体寸草不生，岩石裸露，人们称这里为奇石林。

林木茂盛的山间峡谷与裸露的山体形成鲜明对比。峡谷内风力较小，日照时间比较短，水分蒸发少，空气的相对湿度就比较大，这样的条件很适宜植物生长，所以林木主要集中在谷中。而且公园的村镇、古建筑、道路等遗址也大都沿着峡谷方向分布。

格雷梅是土耳其几处最奇特的风景之一。几个世纪堆积起来的厚厚的火山岩被侵蚀后，形成了许多非常奇异的烟囱形状的岩石，当地人称为"仙人烟囱"，也有人称其为"妖精烟囱"。其他的景观就是那些奇妙无比的笋状和塔状的岩景，非常奇伟壮观。

土耳其横跨欧亚两大洲，濒临地中海和黑海，风景非常美丽，美不胜收却极其自然。土耳其拥有丰富多变的地理环境，如果能从东到

西横向穿行的话，你就能直观地体会到土耳其冬季的漫长酷冷，你可以看到终年披银盖雪的山岳地带，高地上挺拔秀丽的白桦。你也能看到条条河川潺潺而流，体会到凉爽的长夏。在草原地带，放眼望去是光秃秃的小丘和一望无际的小麦田，这些麦田随着太阳的照射和微风的吹拂，时而呈现广阔无垠的紫光绒毯，转眼之间又演变成暖色和金灰色，变化

卡帕多西亚奇石林泛指安卡拉东南约二百八十千米处的阿瓦诺斯、内夫谢希尔和于尔居普之间的三角形地带

多姿。秀丽的风光中点缀着具有诡秘气息的岩塔奇石林，更增添了别样的情趣。

公园中部还有格雷梅天然博物馆，这是观察地下居室的最好博物馆。于尔居普镇附近石笋林立，到处耸立着石峰和断岩，许多岩洞如蜂巢般穿插在岩石之间，而岩洞内部又有机地连接在一起，成为相互贯通的高大房间。13 世纪时，此区域的山洞已密如蜂巢。现在人们在此地已经发现了三百多座从岩石中开凿出来的教堂。有些教堂的墙壁和天花板上绘有多彩的图画。这些建筑充分体现了自然与文明的完美结合。

格雷梅国家公园也以其神秘壮观的自然奇景名列于《世界遗产名录》之中。

 小百科

土耳其是亚洲西部地跨亚、欧两洲的共和国，全称土耳其共和国，面积约为 78.06 万平方千米，境内土耳其人占 85%，此外还有库尔德人、阿拉伯人、亚美尼亚人、希腊人等，土耳其语为其国语，居民多信奉伊斯兰教。

自然胜境

卡帕多西亚奇石区

土耳其的卡帕多西亚奇石区位于伊斯坦布尔中部，是一片如月球般荒凉诡异的神秘区域。在奇石区你会看到意想不到的奇石，人们根据形状给那些奇形怪状、到处林立的奇石起了许多形象有趣的名字，像仙女峰、石骆驼等。

曾经有一句广告词令人难忘：想一尝"穴居"滋味吗？位于卡帕多西亚的"洞穴旅馆"绝对能令您非常满足！

乍听会觉得不可思议，但当你来到土耳其的卡帕多西亚奇石区，便会认为这句广告词根本不足以形容你的所见。那样奇异而美丽的奇石，那样特色独具的洞穴，恐怕是除此地之外，再也无处可见的神奇景观了。

卡帕多西亚，横亘于土耳其中部大陆，这片陆地拥有巨大蚁丘般的完美圆锥形岩石凿出的教堂和复杂的地下城市。土耳其中部的卡帕多西亚奇石区是在火山、风化和流水的侵蚀作用下形成的，火山喷发产生的层层堆积的火山灰、熔岩和碎石，形成了一个高于邻近土地300米的高台。火山灰经长期挤压，变成了一种灰白色的软岩，称为石灰华，上面覆盖着的熔岩硬化成了黑色的玄武岩。流水和霜冻使这些岩石龟裂，较软的部分被侵蚀掉，留下了一种月亮状地貌。它由锥形、金字塔形，以及被称为"妖精烟囱"的尖塔形岩体组成。在奇形怪状的岩体中很多都带有白、栗、赭、红和黑等色的横条纹。

在卡帕多西亚的石锥和峭壁上挖凿的岩洞，曾居住过很多人。洞内四季如春，洞穴居民可以免受酷暑严寒之苦。在乌奇希萨尔的一块巨岩上开挖的洞穴大院里，可能住过上千居民。在这里最值得参观的

是德林库尤地下城。此城地面面积 2 500 平方米，深达 55 米，分为 8 层。

　　姿态万千的卡帕多西亚奇石区内到处是林立的奇石，随处都能见到圆锥形、金字塔形，及风蚀蘑菇状，还有像在塔尖戴上帽子似的奇石，也有如被扭转的黏土状山丘，你能想到的和不能想到的，都能在奇石区看到。这些形状独特的石锥和岩石，从荒凉的山谷中突然耸入云霄，充满了神奇的色彩。奇石的颜色有艳黄、粉红、浅蓝，还有淡灰，奇诡而绚烂。

　　自然界精雕细刻、巧夺天工的神力，让所有来到卡帕多西亚奇石区的人都情不自禁地惊叹，尤其是奇石区内天然形成的洞窟，甚至远远胜于人工的雕琢，令人叹为观止。而且在奇石区内，几乎稍大些的奇石内都会隐藏着一个天然的洞穴，若不细看，你是不会找到的。

　　卡帕多西亚奇石区以诡异、奇特的地貌驰名世界。这个范围广大的奇石区已被列入《世界遗产名录》之中。

卡帕多西亚奇石区的风景

地球自然胜境

DIQIU ZIRAN SHENGJING

欧　洲

自然胜境
阿尔卑斯山脉

阿尔卑斯山脉有着晶莹的雪峰、葱郁的树林、清澈的山间溪流。它绵延起伏，色彩缤纷，并拥有无数奇丽的自然景致，仿佛亭亭玉立的仙女，以妖娆妩媚的姿态展现在世人面前。

阿尔卑斯山是欧洲最高大、最雄伟的山脉。晶莹的雪峰、浓密的树林和清澈的山间流水共同组成了阿尔卑斯山脉迷人的风光。阿尔卑斯山脉西起法国东南部地中海岸，经瑞士南部、德国南部、意大利北部，东至奥地利维也纳盆地，总面积约二十二万平方千米，山脉绵延起伏，长 1 200 千米，宽 120 千米 ~ 200 千米，东宽西窄，最宽处可达 300 千米。

阿尔卑斯山山势高峻，平均海拔约达三千米左右，山脉主干向西南方向延伸为比利牛斯山脉，向南延伸为亚平宁山脉，向东南方向延伸为迪纳拉山脉，向东延伸为喀尔巴阡山脉。阿尔卑斯山脉可分为三段：西段是西阿尔卑斯山，从地中海岸经法国东南部和意大利西北部，到瑞士边境的大圣伯纳德山口附近，为山系最窄部分，也是高峰最集中的山段。位于法国和意大利边界的勃朗峰是整个山脉的最高点，在蓝天映衬下洁白如雪；中段的阿尔卑斯山，介于大圣伯纳德山口和博登湖之间，山体最宽阔。这里的马特峰和蒙特罗莎峰也是欧洲比较著名的山峰；东段的阿尔卑斯山在博登湖以东，海拔低于西、中两段阿尔卑斯山。

阿尔卑斯山脉地处温带和亚热带纬度之间，因此它成为中欧温带大陆性湿润气候和南欧亚热带夏干气候的分界线，而它本身还具有山地垂直气候特征。山地气候冬凉夏暖，阳坡温度高于阴坡。但高峰上

全年寒冷，在海拔2000米处，年平均气温为0℃。山地年降水量一般为1 200毫米~2 000毫米，但因地而异：海拔三千米左右为最大降水带，高山区年降水量超过2 500毫米，背风坡山间谷地降水量只有750毫米。冬季山上有积雪，在勃朗峰3 000米高处，年降雪达20米，但在莱茵河河谷的茵斯布鲁克，3月的积雪区向下延伸至海拔900米，5月间升高至1 700米，9月升至3 200米，再往上就是终年积雪区了。

这样明显的山地气候，使阿尔卑斯山脉的植被呈明显的垂直变化特征。这里可以分为亚热带常绿硬叶林带，即山脉南坡800米以下；森林带，即南坡800米~1 800米，下部是混交林，上部是针叶林；森林带以上，即1 800米以上为高山草甸带；再向上则大多是裸露的岩石和终年积雪的山峰。山区有居民居住，西部生活着拉丁民族，东部生活的是日耳曼民族。山里也可以看见很多动物，例如阿尔卑斯大角山羊、山兔、雷鸟、小羚羊和土拨鼠等。

阿尔卑斯山以其挺拔和壮丽装点着欧洲大陆，可谓是一道亮丽的风景线，它是欧洲最大的山地冰川中心，艾格尔峰、明希峰和少女峰三大名峰均屹立在阿尔卑斯山脉上。特殊的地理环境造就了它独特的景观：高山植物和雪绒花，岩洞中的石钟乳，湍急的瀑布，独特的动植物等，风光秀丽迷人；而那些角峰锐利，嶙峋挺拔的冰蚀崖、悬谷则呈现出一派极地风光。阿尔卑斯山地由于冰川作用又形成许多湖

泊，最大的湖泊是日内瓦湖，另外还有苏黎世湖、博登湖、马焦雷湖和科莫湖等，欧洲许多大河都发源于此，水力资源丰富，美丽的湖区是旅游、度假、疗养的胜地，吸引了无数游客。

依据大多数人的直觉，美丽的山必然是满山青翠。而阿尔卑斯山却不是这样，迎面扑来的都是令人目不暇接的缤纷色彩，漫山遍野如童话世界般的花团锦簇，生动得让人无法呼吸。

阿尔卑斯的草原和森林相间，地势广阔，水肥草美，牧马成群。山脚下，黄白相间的奶牛在悠闲踱步，红瓦尖顶的住家小屋仿佛漂浮在这姹紫嫣红的花海间。更有一些不知名的河流，颜色如晴空般的蓝，荡漾着雪山倒影，芦苇草、蒲公英、各色不知名的野花整整齐齐地围着明镜般的湖面。在这样的一幅图画面前，用不着美酒，只需一阵带着花香的山风，就熏得人心醉神迷；远处的高山犹如穿着翻云滚浪的大裙子，裙上一串高高矮矮的山峰，覆盖着白雪的山尖，在阳光下闪着神圣的光。

阿尔卑斯山是欧洲的旅游胜地，世界著名的滑雪胜地——圣莫里茨高山滑雪场就位于阿尔卑斯山脉的中心地带，是世界最佳的高山滑雪场所，这里有海拔超过 3 000 米的高山滑道，可以让你化身为白色世界里翱翔的雪域雄鹰。冬日的阿尔卑斯山白雪皑皑，冰川绵延千里，银白色的山峰陡峭雄伟，是滑雪的最佳场所。

 小百科

针叶林是以针叶树为建群种所组成的各类森林的总称，包括耐寒、耐旱和喜温等类型的针叶纯林和混交林。针叶林主要由云杉、冷杉和落叶松等一些耐寒树种组成，通常被称为北方针叶林或泰加林。

自然胜境

易 北 河

古老的易北河如玉带般蜿蜒于峡谷之中，风光秀丽，气候宜人。无论是在破晓的晨曦中，还是在夕阳的余晖里，易北河永远都是忙碌地以它优雅的姿态奔向远方……

易北河在欧洲中部，是中欧流经捷克和德国的一条河流。它起源于巨人山脉，流经捷克波希米亚山脉和易北砂岩山脉后，部分沿着冰蚀谷在德国北部的库克斯港注入北海，全长 1144 千米，流域面积14.5 万平方千米。入海处形成 2.5 千米～15 千米的河口湾，海轮上溯可达汉堡，德国的皮尔纳以下可通行千吨以上轮船。易北河的结冰期是 1 个月～3 个月。

易北河主要支流有伏尔塔瓦河，还有穆尔德河、萨勒河、施瓦策埃尔斯特河以及哈弗尔河等。河口附近年平均流量 710 米/秒。易北河的航运作用很重要，从河口至科林共通航 940 千米，有运河分别与奥得、威悉等河相通。舍内贝克、阿肯、德绍、里萨、德累斯顿、马格德堡等是易北河的重要河港。

德累斯顿位于德国东南部的易北河谷地，是萨克森州的首府，是德国东部重要的文化、政治和经济中心，总人口约一百二十五万。该市最美的一道风景就是易北河河谷景观，沿着河谷纵深有 18 千米长，主要由古老的牧场、宫殿、纪念碑、别墅和花园组成。

伏尔塔瓦河发源于德国与捷克交界处的舒马瓦山脉东南坡，是易北河最大的支流，全长 440 千米，流域面积 2.8 万平方千米，多年平均流量 142 立方米/秒，径流量 45.7 亿立方米。河流先向东南方向流，然后转向北流，卢日尼采河和贝龙卡河等支流先后汇入，流经布拉格，最后在梅耳尼克附近从左岸注入拉贝河。

哈弗尔河是易北河右岸最大的支流，河流全长550千米，流域面积2.4万平方千米，多年平均流量90立方米/秒，多年平均径流量28.4亿立方米。上游为施普雷河，发源于齐陶附近，处于波兰、捷克和德国三国交界附近。河流在柏林以西15千米处流入哈弗尔湖，因此，从湖中再流出的河流被称为哈弗尔河。哈弗尔河继续向西流，后又转向北流，在哈弗尔贝格附近注入易北河。

从河源至德累斯顿是易北河的上游，流经波希米亚，被当地人称为拉贝河。维滕贝尔格和劳恩堡之间的河段，历史上曾为东、西德的界河。汉堡以下，河面展宽，海轮上溯109千米直达汉堡，使汉堡港成为欧洲大陆最大的海港。通过广大的运河系统，易北河向西可连接鲁尔工业区，向东可沟通波罗的海并通至柏林。

易北河上游还有一个风景区，叫作萨克森，位于德国东部，德累斯顿到捷克的边境一带。绿草如茵的山谷，千姿百态的奇峰，独特的平顶山头和古老的城堡，易北河如玉带般蜿蜒于峡谷之中，风景秀丽，气候宜人，被誉为"萨克森小瑞士"。

顺着易北河游览，特别引人入胜的还有巴斯泰石林。石林其实也是山地景观，但因山石的主要成分是沙石，耐不住长期的风雨侵蚀，结果变成了一个个奇形怪状的石柱。远远望去，就如一片丛林。这里处处砂岩削壁，怪石林立，仅仅以栈道和石桥相连。登上石林的最高处——巴斯泰弗尔森绝顶的观景台，极目远眺，一侧是黄绿相间的瑞士乡村风光，一侧是起伏的砂岩，视觉效果的强烈反差带来了不一样的审美感受。

易北河靠近捷克边境的巴德桑岛砂岩山脉地域，那里以富铁矿泉

著称。巴德的德文为"沐浴"之意，城市以温泉得名。温泉能够养生、休闲养神，美景养性，是天赐的疗养福地；圣约翰教堂、哥特式建筑，雄伟雅致；河畔树荫小径悠闲宁静，漫步其中，心旷神怡；城东还有高耸的斯劳姆砂岩，登高可尽览易北河河畔风光；还有利希坦汉勒瀑布，也是雄伟壮观的奇景。

易北河中下游流经德国东北部平原洼地，水流缓慢，落差较小，风光秀丽，浪漫怡人。从汉堡码头可步行到享有"最美丽大街"盛誉的易北河大道，汉堡最美丽的别墅群，即富人的聚居地——白沙堤就坐落在此，站在白沙堤的小山上能把易北河和整个港口的美景尽收眼底。不论是在破晓的晨曦中，还是在落日的余晖里，易北河永远是忙碌的。

 小百科

伏尔塔瓦河是捷克西部河流，易北河上游拉贝河左岸支流。它源出舒马瓦山，先向东南再北流，经首都布拉格，在梅尔尼克汇入拉贝河。从河口到布拉格以南建有多道水闸，可通航84千米，还建有水库和水电站。

自然胜境

巨人之路

"巨人之路"这个诗化的名字有着许多美丽的传说。它被喻为通向大海的巨大天然阶梯。一直以来，人们都在心中描绘着它的美好。高耸的石柱、层层相叠的熔岩，这一切都带给人们无尽的遐想。

巨人之路，也译为"巨人石道"，是英国著名的旅游景点，位于英国北爱尔兰安特里姆郡北海岸边缘的岬角，约四万根玄武岩石柱从大海中伸出来，从峭壁伸至海面，数千年如一日地屹立在大海之滨。石柱的宽度一般为0.45米左右，延续约六千米。大部分石柱为匀称的六边形，也有四边、五边或八边的。它们的截面都是很规则的正多边形，看起来好像是人工制成的。它们井然有序、美轮美奂的造型和磅礴的气势令人叹为观止。

巨人之路海岸包括低潮区、峭壁以及通向峭壁顶端的道路和一块平地。峭壁平均高度为100米。岬角的最宽处约十二米，最窄处仅有三四米，是石柱最高的地方。在这里，有的石柱高出海面6米以上，最高的达十二米左右，在上面凝固的熔岩大约厚二十八厘米，还有的石柱隐没于水下，有的与海面等高。

巨人之路又被称为"巨人堤道"或"巨人岬"，这个名字起源于爱尔兰的民间传说：传说爱尔兰国王军的指挥官巨人芬·麦库尔是个力大无穷的英雄，一次在和苏格兰巨人的战斗中，他随手拾起一块石头，掷向逃跑的对手。石块落在大海里，就变成了现在的巨人岛。后来，他深深地爱上了住在内赫布里底群岛的一个巨人姑娘，为了迎接心爱的姑娘，巨人芬·麦库尔专门修建了这么一条堤道。

还有一种说法为，巨人之路是巨人芬·麦库尔在作战时，要到苏

格兰去和他的对手芬·盖尔交战，于是他把岩柱一根一根地运到海底，那样他就能从海底走过去。当芬·麦库尔完工时，他决定休息一会儿。正在这个时候，芬·盖尔决定穿越爱尔兰来估量一下他的对手芬·麦库尔的实力，却被芬·麦库尔巨大的身躯给吓坏了。而芬·麦库尔的妻子告诉他，芬·麦库尔只是巨人的孩子，芬·盖尔就想，这小孩的父亲该是怎样的庞然大物啊，于是开始为自己的生命担心。他匆匆忙忙地撤回了苏格兰，并毁坏了身后的堤道，以免芬·麦库尔走到苏格兰。现在堤道的所有残余都位于安特里姆海岸上。

　　巨人之路这条海岸线上最具有特色的地方就是那些高高低低的玄武岩石柱，远远望去恰如巨人修建的步行路，使人很难相信它是自然之力形成的。

　　类似的柱状玄武岩地貌景观，在世界其他地方也有分布，如苏格兰内赫布里底群岛的斯塔法岛、冰岛南部，还有中国江苏的柱子山等，但都不如巨人之路表现得那么完整和壮观。

　　巨人之路是柱状玄武岩石这一地貌的完美展现。这些石柱构成了

不同石柱的形状具有形象化的名称，如"烟囱管帽""大酒钵"和"夫人的扇子"等

一条有石阶的石道，宽处就像密密的石林。巨人之路和巨人之路海岸，不仅是峻峭的自然景观，也为地球科学的研究提供了宝贵的资料。

玄武岩石柱形成以后，受到大冰期的冰川侵蚀及大西洋海浪的冲刷，逐渐制造出高低参差的奇特景观。玄武岩石柱是由若干六棱状石块叠合而成的，波浪沿着石块间的断层线，把暴露的部分逐渐侵蚀掉，把松动的石块搬走，石柱在不同高度被截断，导致巨人之路呈现出台阶式外貌的雏形，经过千万年的侵蚀、风化作用，玄武岩石堤的阶梯状效果最终形成了。

看到这个奇观，人们不禁会问，巨人之路会通向何方呢？这一问题无人能答。现在巨人之路的前景不容乐观。根据2008年1月英国皇后学院最新的一份报告显示，巨人之路这一世界遗产正面临威胁。这份报告预测，由于全球变暖导致海平面上升，到21世纪末，海平面将上升近一米，随之而来的海浪和风暴将猛烈地袭击巨人之路。预测在2050年—2080年，巨人之路上的石块将被海浪打磨得更加陡峭，到22世纪初，人们将失去部分巨人之路上的独特景观。

🔍 小百科

斯塔法是苏格兰西海岸外的一个小岛，周边同样被玄武岩石柱环绕着。这里是爱尔兰传说中巨人芬·麦库尔所建的另一个堤道。这些岩石大约形成于七千万年以前，紧挨在一起的石柱看上去像管风琴的管子。

自然胜境

维苏威火山

曾被称为"苏马山"的维苏威火山是欧洲大陆唯一的活火山。它有着悠久的历史。著名的庞贝古城就毁于它的喷发之下。山上草木稀疏，一派荒凉景象，然而即使如此，也难以阻止人们探索的脚步。

维苏威火山位于意大利那不勒斯湾之滨，在那不勒斯市东南部。维苏威火山海拔 1 280 米，是欧洲大陆唯一的活火山，它也是意大利乃至全世界最著名的火山之一，世界上最大的火山观测站就设在此处。维苏威火山原本是海湾中一个普通的岛屿，因为火山爆发，喷发物质逐渐堆积，最终和陆地连成了一片。维苏威火山过去被称为苏马山或索马山，其古老山地的边缘部分呈半圆形，环绕在目前的火山口周围。

维苏威火山是一座截顶的锥状火山。火山口周围是长满野生植物的陡壁悬崖，岩壁上还有缺口。从高空俯瞰维苏威火山的全貌，那是一个漂亮的、近圆形的火山口，而这正是公元 79 年的火山大喷发形

成的。火山口深约一百米，站在火山口边缘就可以看清整个火山口的情况，现在火山口的边缘有铁栏杆围着，以防止游人发生意外。维苏威火山一直很活跃，后期形成的新火山上的植被一直都没有长出来，看起来有点光秃秃的，而早期喷发形成的火山上已开始有了稀疏的树木。

火山口的底部不长草木，是比较平坦的地带。在火山锥的外缘山坡上，覆盖着适合于耕作的肥沃土壤，因此在很久以前人类就开始在这里繁衍生息，逐渐形成了兴盛的赫库兰尼姆和庞贝两座繁荣的城市。维苏威火山在公元前的喷发次数，并没有详细记载，但公元63年的一次地震对附近的城市造成了相当大的损失。从这次地震起一直到公元79年，小地震频繁发生，可是公元79年的那次大喷发，把附近的庞贝、赫库兰尼姆与斯塔比奥等城全部湮没，而且其他几个有名的海滨城市也遭到严重破坏。此后地震逐渐增多，强度也越来越大，多次发生火山大爆发。

公元79年的大爆发是最骇人的，开始时有一股浓烟柱从维苏威火山直线上升，后来逐渐向四面扩散，形状很像蘑菇云。蘑菇云里偶尔有闪电似的火焰穿插，火焰闪过后，是一段异常恐怖的黑暗，当时虽然是白天，但却远比黑夜还黑暗。火山喷出黑色的烟云，炽热的火山灰石雨点般落下，有毒气体涌入空气中，火山灰飘向很远。赫库兰尼姆城因距火山口较近，被掩埋在二三十米下的火山灰中，个别地方深达三十多米，一些覆盖物和泥浆迅速填充到房屋内部和地下室，赫库兰尼姆城从此消失无踪，一点痕迹都没有留下。一直到了1713年，人们打井时无意打在了被埋没的圆剧场的上面，就这样发现了赫库兰尼姆和庞贝两座城市。在一些房屋的地下室里，还发现了被埋在火山灰和泥石流中的人，这些人被包裹在火山灰和泥石流硬化了的凝灰岩中，这些姿态各异的尸体都完好地保存着。

维苏威火山观测站建于1845年，位于火山附近。这是世界上最早建立的火山观测站，经过多年的发展，里面的设施已非常现代化：一楼大厅里的展板上介绍有关火山的知识，电脑上能够显示火山喷发过程的

曾被维苏威火山埋没的庞贝古城遗址

模拟图像。观测站的一楼和地下一层还建有火山博物馆，陈列着各种火山喷发物。玻璃柜中还展示着从庞贝古城挖掘出来的"石化人"。

还有一个有趣的记载，1944 年维苏威火山喷发时，从火山顶部的中心部位流出大量熔岩，喷出的火山砾和火山渣高出山顶约几百米。火山爆发的奇妙景观是很多人终生都难得一见的，当时同盟国军队与纳粹士兵正在激战，火山爆发的奇景使他们都忘记了战争，而争相跑去观看这一大自然的奇观。

一直以来，维苏威火山多次喷发，熔岩、火山灰、碎屑流、泥石流和致命气体夺去了不计其数的生命。尽管自 1944 年以来维苏威火山没再出现喷发活动，但平时维苏威火山仍不时地有喷气现象，这说明火山并未"死去"，而只是处于休眠状态。

虽然维苏威火山仍有喷发的可能，但是活火山周围依然居住着上百万的人口。火山上虽然荒凉、险恶，可是山脚下却遍布着果园和葡萄园，人们并未因害怕而远离这里。这里的人民防灾意识都比较强，而且维苏威火山观测站起到了很大的作用。其实只要我们重视对火山的监测和研究，掌握火山活动的规律，完善减灾措施，火山也可以造福人类。

🔍 小百科

火山因喷发方式不同而形成不同的火山地貌，典型的火山地貌表现为顶部有漏斗状洼地的锥体孤立山峰，山顶的洼地称"火山口"，火山口蓄水则形成湖泊，称为"火口湖"。火口湖边堆积着颜色深浅不一的火山灰。

自然胜境

冰 岛

冰岛又被称为"火山岛""雾岛",是欧洲第二大岛屿。岛上空气清新纯净,自然风光奇特,有着千变万化的景观。游人在欣赏美景的同时又能品尝到海洋鱼类的美味。这便让人平添了一份期待与向往。

　　冰岛即冰岛共和国的简称,它位于欧洲的西北部,靠近北极圈。它既是欧洲第二大岛屿,又是地球上唯一位于板块交会处的岛屿。找遍地球的各个角落,你不会发现第二个地区像冰岛这样有着千变万化的自然景观:冰川、热泉、间歇泉、活火山、冰帽、苔原、冰原、雪峰、火山岩荒漠、瀑布及火山口。这里尤其多火山和地热喷泉。冰岛的自然环境纯净、清新,堪称环保的典范。冰岛夏季日照长,冬季日照极短,秋季和冬初有时还会看见极光。

　　冰岛面积为10.3万平方千米,人口27.21万,全部是斯堪的纳维亚人。冰岛有"火山岛""雾岛""冰封的土地""冰与火之岛"之称。

　　由于冰岛上多大冰川、火山地貌、地热喷泉和瀑布等,所以冰岛的旅游业很发达,许多人都慕名来到冰岛一睹它的极地风光和多样地貌。岛上的空气与水源的清新纯净在世界上堪称第一。冰岛对大多数探险爱好者来说都是一个理想之地,许多人都到冰岛来探险,也有人到此来疗养,呼吸新鲜空气,暂时逃离污浊而喧嚣的发达城市,因此,冰岛已成为人们休闲、度假的天堂。每年6月~9月是冰岛的最佳旅游时期。在这里旅游几乎餐餐有鱼吃,三文鱼和熏鳟鱼是不可不尝的首选食品。需要注意的是,在冰岛游览地热区时,要避开喷气孔和泥温泉周边颜色较浅的薄土、遮盖地表隐藏缝隙的雪地、松动的尖锐岩浆块,以及火山渣形成的滑溜斜坡。

冰岛上有一种鸟叫白隼，它是冰岛共和国的国鸟。这是一种北极鸟，飞得快、体形大，善于攻击其他鸟类。白隼有三种色型，虽然名为白隼，但实际上只有极少的羽毛是真正白色的，异常珍贵。

雷克雅未克是冰岛首都和第一大城市，也是冰岛第一大港。它是世界最北边的首都，是冰岛全国人口最多的城市。雷克雅未克有世上最为湛蓝的天空，那种蓝，纯净得近乎梦幻，让每个到这里的人都为它着迷。而且，这里市容整洁，几乎没有污染，有"无烟城市"之称。每当朝阳初升或夕阳西下，山峰便呈现出娇艳的紫色，海水变成深蓝色，使人如置身于画中。这里的夏天别具风情，碧蓝的湖水中，成群的野鸭游来游去；水面上，蓝天下，有众多的鸟自由地飞翔着；湖水映着林荫草地，让人彻底忘记红尘烦恼。

冰岛每年的六七月份，都会有极昼现象，午夜常有阳光照耀，如同白昼，到了冬天，则刚好相反，有时整天月亮当头，不见太阳。在冰岛除了能欣赏到自然之手创造的神奇景观，品尝海洋鱼类的美味外，还可以尽情地享受精心策划的午夜高尔夫、出海观鲸、冰河漂流、深海垂钓、月球地貌探索等活动，使身心能得到彻底的放松。

冰岛的一切都如此神秘而又令人向往，它正张开热情的双臂欢迎每一个人的到来！

小百科

极昼亦称"永昼"，是高纬度地区夏季特有的、持续 24 小时的白昼。太阳整日倚着地平线环行：中午升到南方，比地平线稍高；午夜落到北方，未及沉入地平线又冉冉升起，夕阳连着朝晖，太阳终日不落。

冰岛千变万化的自然景观

自然胜境
比利牛斯山脉

比利牛斯山脉是欧洲西南部最大山脉。法国和西班牙两国界山，安道尔公国位于其间。因其海拔的高度和气候的变化颇大，所以景致壮观，包括了蝴蝶翻飞的草地，也有终年积雪的高山。

雄伟壮观的比利牛斯山脉是法国与西班牙两国的界山，是阿尔卑斯山脉向西南的延伸部分，是欧洲西南部最大的山脉。它西起大西洋比斯开湾，东迄地中海利翁湾南部。该山脉长 435 千米，宽 80 千米~140 千米，一般海拔在 2 000 米以上，以海拔 3 352 米的珀杜山顶峰为中心，面积达 306.39 平方千米。

比利牛斯山脉按自然特征分三段：西比利牛斯山，从比斯开湾畔到松波特山口，大部分都是由石灰岩构成的，平均海拔不到 1 800 米，降水丰沛，是法国和西班牙之间的通道；中比利牛斯山，从松波特山口到加龙河上游的河谷，山势最高，群峰竞立，仅海拔 3 000 米以上的山峰就有五座；东比利牛斯山，从加龙河上游到利翁湾南部，也叫地中海比利牛斯山，是由结晶岩组成的块状山地，有海拔较高的山间盆地，离地中海岸约四十八千米处有海拔仅 300 米的山口，是南北交通要道。

比利牛斯山脉还是法国的阿杜尔河、加龙河和西班牙的埃布罗河的分水岭。春季河流融雪，是洪水期，冬季、夏季是枯水期。由于大西洋水系的河流降水比较均匀，所以水位变化较小。而由于地中海水系的河流降水冬多夏少，水位的季节变化比较明显。

比利牛斯山脉构造比较复杂，是阿尔卑斯山脉主干的西延部分，具有典型的阿尔卑斯山脉特征，整个山体的中轴部分是由强烈错动的

花岗岩、古生代页岩和石英岩构成；两侧为中生代和第三纪地层；北部山坡是砾岩、砂岩、页岩等岩层交错沉积所组成的复理层。在第四纪冰期，东、中比利牛斯山冰川广泛发育，冰蚀谷（即"U"形谷）和冰蚀湖分布很普遍。现代的冰川仅仅出现在海拔近三千米的冰斗和悬谷内，而且北坡多于南坡，总面积约四十平方千米。

比利牛斯山脉北部山坡的气候类型属于温带海洋型气候，年降水量是1 500毫米~2 000毫米，植被有山毛榉和针叶林。南部山坡则属于地中海式气候，年降水量为500毫米~700毫米，植被类型为地中海型硬叶常绿林和灌木林、具有明显的垂直变化规律。在海拔400米以下，有典型地中海型植物石生栎、油橄榄、栓皮栎；海拔400米~1 300米，是落叶林分布带；海拔1 300米~1 700米，是山毛榉和冷杉混交林带；海拔1 700米~2 300米，是高山针叶林带；海拔2 300米以上，是高山草甸；海拔2 800米以上，为冰雪覆盖；海拔3 000米以上则是现代冰川。

比利牛斯山脉的自然风光秀丽，是举世闻名的旅游胜地，也是开展登山滑雪等体育活动的好地方。来此参观旅游的人络绎不绝，其中西班牙的托尔拉和法国的加瓦尔尼村庄是最吸引人的亮丽景点。位于加瓦尔尼的古罗马圆形剧场看上去格外幽雅，具有登山爱好者所钟爱的岩石表面和壮观的瀑布。

总之，比利牛斯山脉所特有的旖旎的自然风光，以及恬静的田园生活方式，都会令游人流连忘返。

小百科

山是指陆地表面高度较大、坡度较陡的隆起地貌，海拔一般在500米以上，自上而下分为山顶、山坡和山麓，其中高大的山称为山岳。而山脉则是沿一定方向作线状延伸的山体。常由多条山体组成。

自然胜境
奥弗涅火山公园

从前，人们并不知道奥弗涅是一座火山，如今，沉睡了上千年的奥弗涅火山已经成为法国著名的旅游胜地，来自世界各地的旅游观光者可以从中感受到大自然的瑰丽和雄奇。

奥弗涅火山位于法国中部城市克莱蒙费朗城的西面，那里建有欧洲唯一的火山公园。整个火山群由近九十多个规模不同的火山锥组成，其中七十多座相对集中在火山带中北部的多姆高原上，绵延起伏共三十多千米，形成了奇伟瑰丽的多姆山脉。整个奥弗涅火山散布在一个南北长 70 千米，东西宽 20 千米的长方形地带上。

奥弗涅在法语里是"田舍"的意思，由无数个法国乡镇组合而成，地处法国中部，并不显赫。此地是古代阿弗尼部落（奥弗涅之名来源于此）的大本营。从中世纪到 1900 年前后，凯尔特人首先选择了这里，留下了罗马艺术遗产。而火山公园让这座城市闻名于世。

奥弗涅火山公园中的群山形态多姿，千奇百怪，有的像一群奔跑的大象；有的像脉脉含情的少女，秀帕遮颜；有的像巍然耸立的玉柱擎天而立；有的像一把插天利剑，直冲苍穹。从这边看，群山纵横，峰峦叠嶂，犹如大海奔腾，巨浪排空；那边看，远山连绵起伏，恰似一条飘带飞向天边。山的颜色也是不一样的，有的暗紫，有的碧绿。山上的植被覆盖程度也不一样，有的绿树成荫，有的寸草不生，有的松林密布。其中最特别的还是它独特的火山性质，熔岩流景，十分壮丽。

奥弗涅火山群中还有一种特殊类型的火山——叠状复合火山。这种火山是多次喷发形成的，也就是第二代火山以爆炸方式破坏掉第一代火山，喷溢出的熔浆在火山口四周构成圆形堤坝，围成熔岩湖。熔岩集聚得太多，就冲破堤坝流了出来，湖面又会重新喷发，形成几个第三代火山，"三代同堂"的火山景色雄奇壮观，十分引人注目。火

山喷发过后，有时在火山口积聚了熔浆和地表水，就形成了火山口湖。

　　位于多姆山脉南、北端的巴万湖和达兹那湖就是火山口湖。这两个湖风景优美，碧波荡漾。巴万湖深 92 米，直径 750 米，微风过后，平静的湖面倒映着朵朵白云和绿树青山的美丽倩影，别有一番情趣，一条条小鱼偶尔跃出水面，许多白点在阳光下闪烁，宛如夏夜空中点缀的繁星；达兹那湖略小，湖壁颇缓，深 66 米，直径 700 米，柔和的日光把湖水染得斑驳陆离，清风徐来，湖面泛起了一圈圈涟漪，犹如轻纱在水面上飘动。山脉最北端的博尼特火山口湖是奥弗涅地区最大的低平湖，它的直径达 2 000 米，后来因为湖内又有新火山喷发，湖面又缩小了些。

　　奥弗涅火山群中规模极大、风格独特的火山锥——多姆山，是一颗璀璨的明珠，它位于克莱蒙费朗城以西 8 000 米处，置于火山带中央，登上山顶就可欣赏山区的全貌。

　　多姆高原本来是结晶地垒，平均海拔 1 000 米以上，宽 8 000 米 ~9 000 米，高 500 米，顶部的平台上建有石墙和石栏。东侧还有一根石柱，上部安有望远镜，游客只要支付 1 法郎，就可以尽情欣赏美丽的风景。东部的利马涅凹陷带海拔仅 300 米，两者由一条大断裂带相隔。高原的东部边缘是一个倾角近 30°的大陆坡，坡面上幽谷遍布。远处的群山衬托在蔚蓝色的天幕上，显得非常突出，非常清晰。山顶上闪烁着金色的光芒，光点斑斑驳驳，犹如云烟一般笼罩着群山，如

多姆山脉中奇特的熔岩山锥

果熔岩内喷出缕缕白气，还会形成喇叭花状和环状喷气穴，有的甚至还形成熔浆洞穴。火山熔岩顺着峡谷奔泻而下，流入开阔平坦的利马涅地区。熔岩直接覆盖在高原两侧的基岩之上。熔岩在流动的过程中随地貌形态而变化，形成了不同的熔岩表面。总之，这里的熔岩表面变化万千，奇妙非凡。

熔岩还构成了高原东南常见的螺旋形小锥体和熔浆洞穴，例如克莱蒙费朗城以西的卢瓦亚特就有几个这样的洞穴，其中一洞又称为"女佣洗衣洞"，因为里面有暗水，水中有一长石，人们可以蹲坐在上面洗衣服，由此而得名。

克莱蒙费朗是一个拥有火山的城市，它将城市的魅力与周边郊外的景致巧妙地融合起来，绿树成荫的山丘围绕在克莱蒙费朗的周围。纯净无比的湖泊以及幽深的峡谷，使这里成为绿色旅游、温泉浴疗和运动娱乐的好去处。

 小百科

香榭丽舍大道是横贯法国首都巴黎的东西大干道。这条大道东起协和广场，全长 1 800 米，最宽处约一百米。香榭丽舍，在法文中意为"田园乐土"。这里原为低洼空地，后经绿化改造，在 1709 年命名为香榭丽舍大道。

地球自然胜境

DIQIU ZIRAN SHENGJING

非 洲

自然胜境
撒哈拉沙漠

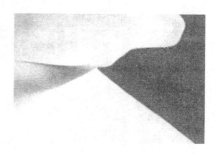

撒哈拉沙漠的气候条件极其恶劣，因此有人称它为"地球上最不适合生物生长的地方"。可能正是因为它的荒凉、孤寂，所以它才成为探险家心目中的"世界十大奇异之旅"之一。

撒哈拉，阿拉伯语意为"大荒漠"，是从当地游牧民族图阿雷格人的语言引入的。撒哈拉沙漠位于非洲，是世界上最大的沙漠，也是世界上除南极洲之外最大的荒漠，它西临大西洋，东接尼罗河及红海，北起非洲北部的阿特拉斯山脉和地中海，南至苏丹草原带，东西长4 800千米，南北宽1 300千米~2 200千米。

撒哈拉沙漠大约形成于二百五十万年以前，形成原因很多。首先，北非与亚洲大陆紧邻，东北信风从东部陆地吹来，又因此地不易形成降水，使北非非常干燥；北非海岸线平直，东侧有埃塞俄比亚高原，阻挡了湿润气流，使广大内陆地区不会受到海洋的影响；因为北非位于北回归线两侧，常年受到副热带高气压带的控制，盛行干热的下沉气流，而且非洲大陆南窄北宽，受副热带高压带控制的范围大，干热面积很广；北非西岸有加那利寒流经过，对西部沿海地区起到降温减湿的作用，使沙漠逐渐逼近西海岸；再加上北非地形单一、气候单一、地势平坦、起伏不大，于是形成了大面积的沙漠。

撒哈拉沙漠干旱地貌类型多种多样。由石漠、砾漠和沙漠组成。石漠，即岩漠，多分布在地势较高的地区，如在撒哈拉东部和中部，尼罗河以东的努比亚沙漠主要也是石漠。沙漠的面积最为广阔，除少数较高的山地、高原外，其余都有大面积分布。砾漠则多见于石漠与沙漠之间，主要分布在利比亚沙漠的石质地区、阿特拉斯山、库西山

等山前冲积扇地带。

　　撒哈拉沙漠中著名的有奥巴里沙漠、利比亚沙漠、阿尔及利亚的东部大沙漠和西部大沙漠、比尔马沙漠、舍什沙漠等。人们把面积较大的沙漠称为"沙海"，沙海是由复杂而有规则的大小沙丘排列而成的，形态复杂多样，有高大的固定沙丘，还有较低的流动沙丘，也有大面积的固定、半固定沙丘。固定沙丘主要分布在偏南靠近草原地带和大西洋沿岸地带的地方。从利比亚往西直到阿尔及利亚的西部是流沙区，流动沙丘顺风向不断移动。以前在撒哈拉沙漠曾有流动沙丘一年移动9米的记录。

　　撒哈拉很多广阔地区内没有人迹，只有绿洲地区有人定居。在这极端干旱缺水、土地龟裂、植物稀少的旷地，曾经也有过繁荣昌盛的远古文明。在沙漠地带发现了大约三万幅古代的岩画，其中有一半左右在阿尔及利亚南部的恩阿杰尔高原，描绘的都是河流中的动物，如鳄鱼等。还有一些壁画上画着独木舟捕猎河马的场面，这说明撒哈拉曾有过水流不绝的江河。从这些动物图画可以推想出古代撒哈拉地区的自然面貌。

　　从公元前2500年开始，撒哈拉就已经变成和目前一样的大沙漠，成为当时人类无法逾越的屏障，商业往来很少能穿越沙漠。尼罗河谷是一个例外，因为它有充分的水源，这里成为植物生长繁茂的区域，

"沙漠之舟"——骆驼是撒哈拉沙漠中传统的交通工具

也成为人类文明的发源地之一。

虽然撒哈拉地区的气候十分恶劣，但仍然有人类居住。以阿拉伯人为主，其次是柏柏尔人等。现在还有大约二百五十万人生活在这个区域内，主要分布在毛里塔尼亚、摩洛哥和阿尔及利亚。20世纪50年代以来，沙漠中陆续发现了丰富的石油、天然气、铀、铁、锰、磷酸盐等矿产。随着矿产资源的大规模开采，该地区一些国家的经济面貌也得以改变。

人们还曾经在这里发现过恐龙的化石。但现在的撒哈拉自从公元前3000年起，除了尼罗河谷地带和分散的沙漠绿洲附近，已经几乎没有大面积的植被存在了。现在这里的植物主要是各种草本植物，还有椰枣、柽柳属植物和刺槐树等，动物有野兔、豪猪、瞪羚、变色龙、眼镜蛇等。

自古以来，撒哈拉这个孤寂的大自然，拒绝人们生存于其中，撒哈拉沙漠犹如天险阻碍着探险者的脚步。风的侵蚀，沙粒的堆积，造就了这片极干燥的地表。

🔍 小百科

沙丘是风力作用下沙粒堆积的地貌，呈丘状或垄岗状，高几米至几十米，个别超过百米。裸露沙丘易于随风流动。按流动程度分固定、半固定和流动沙丘三种。在荒漠、丰荒漠地区分布最广。

自然胜境

东非大裂谷

由于地壳下沉而形成的东非大裂谷，在很多人的印象中是荒草漫漫、渺无人烟之地。然而，事实上它却是一处气候宜人、牧草丰美、花香阵阵、物产丰富的美丽地方，而且它还是人类文明的摇篮之一。

东非大裂谷位于非洲东部，是世界大陆上最大的断裂带。大裂谷自叙利亚向南，延伸数千千米。大体来说，东非大裂谷北起西亚，从靠近伊斯肯德仑港的土耳其南部高原开始，南抵非洲的东南部，一直延伸到贝拉港附近的莫桑比克海岸。整个大裂谷跨越五十多个纬度，总长约七千千米，人们称它是"地球上最长的一条伤疤"。由于这条大裂谷在地理上已经超过东非的范围，一直延伸到死海地区，因此也有人将其称为"非洲—阿拉伯裂谷系统"。

裂谷谷底大多比较平坦，裂谷带宽度较大。两侧是陡峭的断崖，谷底与断崖顶部的高差从几百米到2千米不等。西支的裂谷带大致沿维多利亚湖西侧，由南向北穿过坦噶尼喀湖、基伍湖等一串的湖泊，逐渐向北，直至消失。东非裂谷带两侧的高原上分布着众多的火山，如乞力马扎罗山、肯尼亚山、尼拉贡戈火山等，谷底还有呈串珠状的湖泊约三十多条，这个地堑系统还包括红海和东非的一些湖泊在内。这些湖泊多水深狭长，其中坦噶尼喀湖是世界上最狭长的湖泊，也是世界第二深湖，仅次于北亚的贝加尔湖。

大裂谷是一种特殊的地貌，形态奇特，地质作用错综复杂，矿产丰富，化石繁多，一直是地理、地质、古生物和考古学家们研究的重点。东非大裂谷是世界上最大的一条裂谷，其独特的地质地貌在地球上绝无仅有。与世界上其他裂谷地区不同的是，东非大裂谷并非不毛

之地，它的许多地段不仅是动植物的"博物馆"，同时也是人类活动的主要区域。有许多人在没有见到东非大裂谷之前，都认为那里一定是一条狭长、黑暗、恐怖、阴森的断涧，其间怪石嶙峋，渺无人烟，荒草漫漫。其实，裂谷完全是另外一番景象：远处茂密的原始森林覆盖着连绵的群峰，山坡上长满仙人球；近处草原广袤，翠绿的灌木丛散落其间，花香阵阵，野草青青，草原深处的几处湖水波光粼粼，山水之间，白云飘荡；裂谷底部，平整坦荡，林木葱茏，生机盎然。

裂谷带的湖泊是最有生机的。湖水湛蓝，辽阔浩荡，千变万化，不仅因为风景秀美成为旅游观光的胜地，而且湖区水量丰富，湖滨土地肥沃，植被茂盛，野生动物众多，例如大象、河马、非洲狮、犀牛、羚羊、狐狼、红鹤、秃鹫等都在这里栖息。坦桑尼亚、肯尼亚等国政府，已将这些地方辟为野生动物园或者野生动物自然保护区。位于肯尼亚峡谷省省会纳库鲁近郊的纳库鲁湖，就是一个鸟类资源丰富的湖泊，共有鸟类四百多种，是肯尼亚重点保护的国家公园。鸟类中，有一种叫弗拉明哥的鸟，被称为"世界上最漂亮的鸟"。

东非裂谷不是像美国的大峡谷那样由河流冲刷而成，而是因为地壳下沉，形成了一个两边峭壁相夹的沟谷平地，这在地貌上称为"地堑"。有人在研究肯尼亚裂谷带时注意到，两侧断层和火山岩的年龄，随着离开裂谷轴部距离的增加而不断增大，从而他们认为这里曾是大陆扩张的中心。大陆漂移说和板块构造说的创立者及拥护者竞相把东非大裂谷作为支持他们理论的有力证据。根据20世纪60年代美国"双子星"号宇宙飞船在地球表面的测量，在非洲大陆上，裂谷每年加宽几毫

米至几十毫米；裂谷北段的红海扩张速度达每年 2 厘米。1978 年 11 月 6 日，地处吉布提的阿法尔三角区地表突然破裂，阿尔杜克巴火山在几分钟内突然喷发，并把非洲大陆同阿拉伯半岛又分隔开 1.2 米。

一些科学家指出，红海和亚丁湾就是这种扩张运动的产物。他们还预言，如果照这种速度继续下去，再过 2 亿年，东非大裂谷就会被彻底裂开，产生新的大洋，就像当年的大西洋一样。但是，也有反对板块理论的人，他们认为这些都是危言耸听。他们说大陆和大洋的相对位置无论过去和将来都不会有重大改变，地壳活动主要是上下的垂直运动，裂谷不过是目前的沉降区而已。在它接受了巨厚的沉积之后，将来也可能转向上升运动，隆起成高山而不是沉降为大洋。

东非大裂谷未来的命运究竟如何呢？作为"地球上最长的一条伤疤"，我们对它的了解还不多，因此无法给出一个确切的答案。

 小百科

裂谷是地球深部构造作用形成的地表裂陷构造，发育于地壳水平引张作用地区，是一种延伸数百千米至上千千米的大型构造单元。其发育常导致洋盆的形成，但若引张作用中止，则不能发育成洋盆。

自然胜境
西非原始森林

西非原始森林，林木葱郁，野生动植物种类繁多。这里是非洲这个野性天堂里最后一片重要的热带原始丛林，其中以塔伊和科莫埃两大原始森林最具代表性。

西非茂密的热带原始森林，可以说是地方性物种的巨大宝库。西非是热带原始森林景观保存较为完好的地区，那里树林茂密，野生动植物种类丰富多样，其中塔伊和科莫埃两大原始森林区是其最典型的代表。

终年高温、雨水丰沛和季节变化不明显是热带雨林的最大特点。这里天气闷热，空气湿度较大。由于高温多雨，热带雨林地区的植物生长得迅速而茂密，到处是苍翠欲滴的原始丛林。人们开玩笑说，在这里扔一块石头都会生根发芽。在喀麦隆的港口城市杜阿拉和首都雅温得之间约二百千米处的高速公路上，你会看见浓绿的热带雨林铺天盖地而来。而在赤道几内亚首都马拉博，只需 5 分钟的车程，就可以钻入浓密的原始雨林之中。

塔伊国家公园是非洲重要的热带原始森林，它以低雨林植被而闻名世界，并于 1982 年被列入《世界遗产名录》。这座公园西邻利比里亚边界，东以萨桑德拉河为界，面积为 3 500 平方千米，地貌以平原为主，公园南部有海拔 623 米高的涅诺奎山。这个公园于 1956 年被设立为动物保护区，1972 年开辟为国家公园。

由于非洲地区的气候特征，塔伊公园生长着两种森林：一种是由单性大果柏构成的原始森林；一种是由柿树形成的原始森林。这两类森林区，都是地方性植物种类的巨大宝库。公园里还有多种野生动物，如黑猩猩、穿山甲、斑马、豹等等，而其中的各种猿猴、利比里亚矮河马、斑鹿羚和奥吉比羚羊是该地区所特有的，别的地方无法见到。

塔伊公园森林里的黑猩猩站直时身高通常约为 1 米~1.7 米，体重 35 千克~60 千克，雄性比雌性更强壮。除了面部，它们身上覆着棕色或黑色的毛，年纪小的黑猩猩面部是粉红色或是白色的，而成年黑猩猩的身体和面部皮肤都是黑色的。最近几十年，由于人类猎杀、采伐树木、开垦耕地，以及商业性出口，野生黑猩猩的数量正在逐渐减少，已经成为濒危物种。在西非的原始森林里，栖息地破坏、传染病和非法捕猎使黑猩猩和大猩猩居住的洞穴数量在过去 20 年里减少了一半，以这个速度发展下去，大约三十年后黑猩猩就会在地球上灭绝。

此外，还有一种罕见的物种也生活在塔伊国家公园，那就是穿山甲。人们在白天是很难见到它们的，它们常于夜间活动，还能短时间地游泳。这里的穿山甲头短，眼睛小，有厚厚的眼睑，嘴长而无牙，舌头长而且很灵活。它们的全身几乎全部覆盖着重叠的浅褐色鳞片，五个脚趾都生有利爪。穿山甲主要以白蚁为食，有时也吃其他昆虫。它们靠嗅觉来判断捕食对象的位置，并用前脚扒开对方的巢穴，取出食物。

塔伊国家公园因其丰富的地方物种和一些濒临灭绝的哺乳动物而具有极大的科研价值。因此在 1926 年，这里建立了莫耶—卡瓦利森林区保护公园，1933 年又将这一公园改为物种专门保护区。正是由于采取了积极的保护措施，多年来塔伊国家公园的绝大部分地区仍然保持原状，几乎没有受到人类活动的影响和污染。迄今为止，塔伊国家公园是地球上所剩无几的热带原始森林地区之一，它以独有的景致和

丰富的自然资源吸引了各国游客的目光。

科莫埃原始森林地处科特迪瓦北部，坐落在苏丹和亚苏丹草原上，面积 11 500 平方千米，大部分处于海拔 200 米～300 米的丘陵地带，有科莫埃河和沃尔特河蜿蜒流过。这里有西非最大的自然保护区——科莫埃国家公园，因其动物和植物繁多，在 1983 年被列入《世界遗产名录》。

科莫埃自然保护区是苏丹草原和亚林地区之间的过渡地带，它尤为突出的特点是风景多样，并且生长有南方植物。科莫埃河流贯穿其中，在 230 千米长的河岸两边有一条由茂密的原始森林形成的绿色甬道。除此之外，这里的牧草林木和灌木混生，既有以柏树为主的稀疏树群，也有茂密的旱林和雨林，这种环境让许多生活在南部的动物集体迁居到北方来。现在，公园里有 11 种灵长类动物，21 种偶蹄类动物，17 种食肉类动物，园内的爬行类中还有 10 种蛇和 3 种鳄鱼，飞禽的种类更是数不胜数。

人们应该意识到保护雨林的重要性，使它作为人类独一无二的宝藏而一直传承下去。

小百科

穿山甲产于我国长江以南地区至台湾，越南、缅甸、尼泊尔等地也产，多栖于丘陵及杂树林的潮湿地带。穿山甲的体表和尾部有角质鳞，头、口、耳和眼都小，无齿，舌细长，四肢短，爪强壮锐利，以蚁类为食。

自然胜境

乞力马扎罗山

乞力马扎罗山是非洲第一高山。素有"非洲屋脊""非洲大陆之王""非洲之巅"的美称。长久以来，乞力马扎罗山以其浪漫、神秘和美丽享誉世界，吸引了千千万万的登山爱好者。

乞力马扎罗山是非洲第一高山，它位于坦桑尼亚乞力马扎罗东北部，邻近肯尼亚，被称为"非洲之巅"，海拔5 895米，山周边756平方千米的范围是乞力马扎罗国家公园。

关于乞力马扎罗山有一个古老的传说：在很久很久以前，天神降临到乞力马扎罗山巅，俯视并赐福于他的子民。而在山中盘踞的妖魔鬼怪为了赶走天神，在山峦腹地点起了一把大火，熊熊烈火带着滚烫的熔岩喷涌而出。这一举动激怒了天神，他用雷鸣闪电和瓢泼大雨把大火扑灭，又用飞雪冰雹把冒着烟的山口填满，于是就形成了我们今天看到的这座赤道雪山。这个美丽的传说在坦桑尼亚人民中世代传诵，使大山变得神圣并且威严无比。

"乞力马扎罗"本来是斯瓦希里语，意思是"明亮的山峦"，历史上曾属肯尼亚，殖民时代英国女王将其作为礼物赠送给了德国皇帝，所以基博峰还被德国人称为"威廉皇帝峰"。七十多年前，美国著名作家海明威曾慕名来到乞力马扎罗山脚，激情赞叹："广袤无垠，嵯峨雄伟，在阳光下闪着白光，白得令人难以置信。"主峰基博峰从5 000米往上，温度经常保持在−34℃左右，山顶终年大雪飘飞，而且积雪经久不化，在赤道线上的强烈阳光照射之下，白皑皑的雪冠光华四射，形成赤道雪山的异景奇观。

乞力马扎罗山向来有"非洲屋脊"之称，而许多地理学家则喜欢

称它为"非洲之王"。辽阔的非洲大陆整体上是一块古老的高原，高原上广布沙漠，坦荡辽阔。但乞力马扎罗山却卓尔不群，它在大高原上突兀耸天，气势非凡。乞力马扎罗山的"孤"为这个国家公园平添了胜景与魅力。其次，世界其他各大洲的最高山峰，都是直接构成一系列山脉的基干，或是矗立在山脊线的近旁，和同一山系的众多峰峦连成一体，总的轮廓看去，声势浩大，绵延不绝。可是乞力马扎罗山左边与东非大裂谷为邻，根本没有山系可言。它突兀而起，孑然耸立于方圆几十千米的地段内。这也许就是许多地理学家把它称为"非洲大陆之王"的原因吧。

远远望去，乞力马扎罗山在辽阔的东非大草原上拔地而起，高耸入云，气势磅礴。而实际上，乞力马扎罗山有两个主峰，一个叫基博，另一个叫马文济，两峰之间由一个 11 千米长的马鞍形的山脊相连。

1973 年，政府为了保护其独特景观和海拔 5 895 米以上的动植物，建成了乞力马扎罗国家公园。公园由林木线以上的所有山区和穿过山地森林带的 6 个森林走廊组成。乞力马扎罗山四周都是山林，那里生活着众多哺乳动物，其中一些已属于濒危物种。

乞力马扎罗山由希拉、马文济、基博三座活火山喷发后连成一体

乞力马扎罗山是坦桑尼亚人民的"母亲山"，世世代代抚育自己的儿女，给了他们无穷欢乐

而形成。它不仅是非洲最高的山，还是世界上最大的火山之一，同时也是最易于登顶的世界高峰之一。任何人都可以在向导的帮助下，花 5 天～6 天的时间来征服这座山峰。

几乎没有人真的相信在赤道附近居然有这样一座覆盖着白雪的山，所以在过去的几个世纪里，乞力马扎罗山一直笼罩着神秘而迷人的色彩。它在坦桑尼亚人心中神圣无比，很多部族每年都要在山脚下举行传统的祭祀活动，跪拜山神，以求平安。在酷热的日子里，从远处望去，蓝色的山基十分赏心悦目，白雪皑皑的山顶似乎在空中盘旋，缥缈的云雾伸展到雪线以下，更是增添了一种奇妙的幻觉。乞力马扎罗山靠近赤道，在这样一个地方矗立着一座雪山，确实令人称奇。其实理由很简单，乞力马扎罗山上的积雪源于它的高海拔。赤道附近虽然气候炎热，但随着地势的增高，气温逐渐降低，一般地势每升高 1 000 米，气温就相应地降低 6℃ 左右。所以乞力马扎罗山 5 000 米以上的海拔高度使山顶的气温常在 0℃ 以下，因而其积雪终年不化，进而形成了这样的自然奇观。

根据气候的山地垂直分布规律，乞力马扎罗山从山顶至山脚，基本为冰原气候至热带雨林气候。从山麓到山顶依次分布着热带、亚热带、温带、亚寒带和寒带的各种植被和动物，几乎囊括了两极至赤道的基本植被。所以尽管乞力马扎罗山山顶还是冰天雪地，山脚下却是一片热带风光，使得山麓与山顶仿佛就是两个世界。这座山峰因为极其优美的自然景色而被誉为"赤道上的白雪公主"。

小百科

雪线是多年积雪区的下界，为年降雪量与融雪量平衡的地带。其高度主要受纬度、降雪量、地形等因素影响，一般随纬度增高而降低，但最高处不在赤道和热带地区，而在副热带高压区。

自然胜境
图尔卡纳湖

图尔卡纳湖是一个物产丰富的宝库，清澈的湖水哺育了那里的人们，孕育了灿烂的文化。图尔卡纳湖因其悠久的历史、深厚的文化底蕴，以及迷人的景色吸引了大批游人。

在肯尼亚北部与埃塞俄比亚接壤处的大裂谷地带，地貌呈沙漠或半沙漠状态。然而，从高空俯视，图尔卡纳湖仿佛是一颗美丽的水晶球闪烁跳跃在一片灰黄的茫茫大地上。图尔卡纳湖是当今世界上最大的咸水湖之一。

图尔卡纳湖旧名叫鲁道夫湖——这是西方殖民主义者给它取的名字，鲁道夫是奥地利王太子的名字。直到 1975 年，肯尼亚政府才改用居住在湖西岸马赛族一个叫图尔卡纳部族的名称来代替，从此以后称为图尔卡纳湖。

图尔卡纳湖形成于几千万年前，呈狭长的条带状，南北伸延 290 千米，向北直达埃塞俄比亚边界，东西宽 50 千米~60 千米，最宽处约五十六千米，湖区面积约六千四百平方千米，湖面海拔 375 米，湖水最深部分在湖区南端，达七十三米左右。图尔卡纳湖湖水碧绿，水性清凉，水味虽咸，但还可以饮用。它景色迷人，并且以"人类的摇篮"著称于世。

图尔卡纳湖是一个物产丰富的宝库，清澈的湖水曾经哺育了那里的人类，留下了灿烂的古代文化，湖区附近的史前人类遗址则历来就是世界各地游客以及地质学家、古生物学家和考古工作者们所神往的地方。在 20 世纪七八十年代，图尔卡纳湖附近共发现了 160 个人类头盖骨化石，四千多件哺乳动物化石，还有龟、鳄鱼等化石和石器时

代的器具。这些化石说明，300万年前的图尔卡纳湖地区曾是森林茂盛、水草丰美、动物成群的平原。

图尔卡纳湖的东岸，是一个名叫库波福勒的丘陵地带，山岭自北向南连绵起伏，山顶上光秃秃的，是一个人迹罕至的荒凉地带。可是在1967年，肯尼亚国家考古队队员们意外地在这一带发现了大批古人类化石、旧石器和哺乳动物化石，因此而轰动了世界。接下来的数年，考古工作者们又陆续在湖区附近大约一千平方千米的范围内发现了一百多个化石地点和旧石器遗址。其中一个旧石器遗址的年代竟在260万年以前，是目前已知的世界上最早的石器遗址之一，这说明早在260万年以前，库波福勒一带就已有人类生存，从而证实了人类在地球上至少已生活了100万年，较之原来的50万年说又大大推进了一步。图尔卡纳湖区是联合国教科文组织进行干旱地区研究的一个生物保护区。坐落在锡比罗依国家公园内的这一地区受到保护，成为重要的史前研究遗址。在这一地区常见的鳄鱼和蜥蜴都是上古时期爬行动物的活化石，岛上还有长达2米的蜥蜴，它们的形态竟和远古时代的化石一模一样。

图尔卡纳湖是由断层陷落形成的，是东非大裂谷东支许多湖泊中的一个。湖心有南、中、北并列的三个小岛，岛上长满了茂密的草丛。岛上还随处可见蝰蛇、眼镜蛇、响尾蛇等毒蛇。尽管气候恶劣，但是依然有一些游牧部落适应了这种沙漠炎热气候而长期居住在这里。这些部族至今仍保持着独特的生活习惯，过着原始的游牧和渔猎生活。

图尔卡纳湖的湖水不能外流，形成了一个面积巨大的碱水湖泊，湖水具有较强的去污能力

这里居民世代沿袭的一些独具特色的风俗习惯也成为吸引游客的原因之一。

图尔卡纳湖水产丰富，鱼类繁多，个头也很大，有的鱼长约数米，重达数百千克。湖中盛产尖吻鲈、虎鱼、多鳍鱼等等。每当黄昏来临，大群羚羊从四面八方汇集，并有角马和斑马到湖边饮水。有时在湖边还可以见到河马、瞪羚、转角牛羚、长角羚、狷羚、斑马、狮子、猎豹等哺乳动物。

图尔卡纳湖简直是一个鳄鱼的"极乐世界"，那里的鳄鱼体形庞大，数量极多，这是留给人们最为深刻的印象。有时上百条鳄鱼聚集在一起，气势逼人，成年鳄鱼甚至有十几米长。鳄鱼性情凶猛，经常成群地爬到岸边草丛里，张着大嘴悄悄地等候在那儿，一旦动物和人经过，它们便猛扑过来，将人或动物吃掉。湖岸的居民却并不害怕，人们也正是利用鳄鱼的这个特点，将活羊赶到湖边来诱捕鳄鱼，用鳄鱼皮制成坚实美观的皮革品。

肯尼亚政府在湖畔修建了现代化的旅馆，设有多种内容丰富的旅游项目。游人可以租一条小船进入湖区撒网捕鱼。上岸后，游客们还可以把与自己身高相差无几的大鱼挂在木架上，自己站在鱼旁边拍一张照片，留作永久纪念。

🔍 小百科

图尔卡纳人属东非民族，主要分布在肯尼亚北部。约在17世纪前后由尼罗河上游迁入现在的居住地。游牧民族，存在部落组织，但较为松散，一般以家庭为活动单位。社会是父系继承制和一夫多妻制。

自然胜境

骷髅海岸

位于纳米比亚西部的骷髅海岸，人迹罕至，充满了恐怖，狂风呼啸如哀鸣般令人毛骨悚然。远远望去，一大片金色沙丘映入眼帘，在烈日的炙烤下显得荒凉却又异常美丽。

在古老的纳米比亚沙漠和大西洋冷水域之间，绵延着一条长500千米的海岸，葡萄牙海员把它称为"地狱海岸"，现在叫作骷髅海岸，它地处纳米比亚的西部沿岸。这条海岸备受烈日煎熬，显得荒凉而又异常美丽。从空中俯瞰，骷髅海岸是一大片金色沙丘，斑驳的褶痕清晰可见。沙丘之间时而有蜃景闪闪发光地从沙漠岩石间升起。围绕着这些蜃景的是不断流动的沙丘，在风中发出隆隆的呼啸声。

骷髅海岸名副其实，充满了恐怖，海里有交错的水流、参差不齐的暗礁，海面经常刮起8级大风，茫茫雾海令人毛骨悚然。传说有许多失事船只的幸存者爬上了岸，开始庆幸自己还活着，谁知最终还是被风沙慢慢折磨而死。因失事而破裂的船只残骸，杂乱无章地散落在岸边，无声地诉说着这里曾经发生的一幕幕惨剧。

1933年，一架从开普敦飞往伦敦的飞机失事，飞机坠落在海岸附近，瑞士飞行员诺尔失踪。遗憾的是，诺尔的骸骨至今尚未找到。1942年载有21位乘客和85名船员的英国货船"邓尼丁星"号触礁沉没。1943年，在这片海岸沙滩上发现了12具无头骸骨横卧在一起，附近还有一具儿童骸骨；不远处会看到一块久经风雨的石板，上面写着一段话："我正向北走，前往96千米处的一条河边。如有人看到这段话，照我说的方向走，神会帮助你。"并标明写于1860年。直到现在，遇难者是谁？他们怎么会曝尸海岸？为什么都掉了头颅？没有人

知道答案。

由于风化作用，在 7 亿年的时间里，海岸沙丘的岩石被刻蚀得奇形怪状，犹如妖怪幽灵，从荒凉的地面显现出来。从远处海的方向吹来南风，纳米比亚布须曼族猎人叫这种风为"苏乌帕瓦"。风起之时，沙丘表面向下塌陷，沙粒之间形成了剧烈摩擦，发出轰轰的咆哮声。

在海边，大浪猛烈地拍打着倾斜的沙滩，把数以万计的小石子冲向岸边，有花岗岩、玄武岩、砂岩、玛瑙、光玉髓和石英的卵石，它们给这里带来了一点点亮色。因为这里的河床下有地下水，所以滋养了无数令人惊异的动植物。

迷雾升起，浸入沙丘，难得的水分给骷髅海岸的小生物带来了生机，它们会从沙中钻出来吸吮露水，充分享受这唯一能获得水分的机会与乐趣。擅长挖沟的甲虫，此时总能找到收集雾气的角度，然后挖条沟，让沟边稍稍隆起，当露水凝聚在垄上又流进沟里时，它就可以舔饮了。雾也滋养着较大的动物，盘绕的蝮蛇，用嘴啜吸鳞片上的湿气。长足甲虫使劲伸展高跷似的四肢，尽量撑高身躯，离开灼热的地面，享受相对凉爽的沙漠微风的吹拂。

这片海岸的主人是南非海狗。它们大部分时间生活在海上，但到了春季，它们要回到陆地"生儿育女"，漫长的海岸线便成为它们爱的温床。到了陆地上，它们把鳍状肢当作腿来使用，那笨拙可爱的模样让人忍俊不禁。

🔍 小百科

海狗是鳍足目海狗科中比较著名的一种，雌性体长较雄性短，毛色为灰棕褐以至褐黑色。它有洄游习性，听觉和嗅觉灵敏，除繁殖期外，无固定栖息场所。海狗已濒临灭绝，现被列为国际保护动物。

自然胜境

布莱德河峡谷

堪称世界自然奇景之一的布莱德河峡谷，其神奇景观令世人叹为观止。著名的伯克好运洞穴已成为祈福圣地。远眺悬崖峭壁及绵延不尽的密林山区，田园诗话般的景色尽收眼底。

位于克鲁格国家公园西边的布莱德河峡谷自然保护区，占地 220 平方千米，是南非姆普马兰加省仅次于姆普马兰加国家公园的观光景点。

布莱德河峡谷位于川斯华尔省东部的布莱德河峡谷自然保护区内，堪称非洲自然奇景之一。

它是因布莱德河河水切穿德拉肯斯山陡坡而形成的。据说，布莱德河峡谷的深度为 600 米～800 米，最深处可达 1 000 米。由此眺望悬崖峭壁及绵延不尽的密林山区，景色绝佳，尤其到每年 5 月，漫山遍野的秋红更是让人叹为观止。布莱德河蜿蜒地游走于触目惊心、明暗不一的红、黄色擎天拱壁与悬崖之间。纳塔尔省西境，峭壁陡崖的德拉肯斯山脉在省区中部呈现出浓郁的田园诗画之美，当地四季风景令人难忘。

看到布莱德河与 1 000 米高的大峡谷交织在一起的壮观景色，任何人都会为此感慨。沿着这个保护区纵向开通的帕诺拉马路线，是位置很好的驾车游览线路。以意为"欢乐的河流"的布莱德河为中心，面积达 3 万平方千米的自然保护区是帕诺拉马路线的核心所在。也只有在这里才可以享受到南非特有的那种和谐景观。

保护区的中部——布莱德河与楚尔河交汇处有水蚀洞穴地形，即有名的"伯克幸运洞穴"。南端有一个最佳的观望点，由此可俯瞰

1 000米以下的景物，其景观深远辽阔，令人不由得有"小天下"的胸怀，因而这里还有"上帝之窗"的美名。距此数百米处还有一座峰顶岩，花岗石岩柱自青翠峡谷中擎天耸立，非常壮观，天晴时峡谷中山岚氤氲，更显得气势不凡。保护区内有一条完善的步道，自"上帝之窗"至锡布兰尼克山庄为止，长约五十六千米，沿线风景怡人，空气清新。

当布莱德河与楚尔河交汇的时候，柱状的岩石和涡流淘出的空穴在色彩斑斓的石壁上交相辉映，展示着大自然造就的不可思议的地质现象。至于这个地方的名字，据说与一个早年从事采金业的人有关，估计他在此处非常幸运吧。

值得一提的是，在一个壶状的水潭底下沉着很多硬币，难道外国人也和中国人一样，通过这种方式祈求好运？

伯克的好运洞穴位于布莱德河与楚尔河交汇的地方。据说从桥上向瀑布的漩涡里投掷硬币，许下的愿望都能实现。如果站在远处张望，是不可能发现它的，因为水流和洞穴全部处于地平线以下。只有走到近处，站在瀑布边上，美丽的地质奇观才会呈现。

"上帝之窗"也是布莱德河峡谷的一部分。顾名思义，这里很高，高到了天上。站在悬崖边上，的确有居高临下、俯视众生的感觉。峡谷深不见底，树木葱翠。

到布莱德河峡谷变得开阔一些的地方，紧挨着茅屋山的位置，适时地出现了一个湖泊。尽管这是一项水利工程的结果，却仍然给此处的景观增色不少。

小百科

南非是非洲大陆南部国家，全称南非共和国。在南非分黑人、白人、有色人和亚洲人四大种族，官方语言为英语和南非荷兰语。宗教较杂，有基督教、新教、天主教、印度教、伊斯兰教及原始宗教。首都为比勒陀利亚。

自然胜境
卡盖拉国家公园

卡盖拉国家公园是卢旺达最大的野生动物保护区，位于卢旺达的东北部，以秀丽的风光、宜人的气候和珍奇的野生动物享誉世界，是卢旺达著名的旅游胜地。

如果去非洲，那么素有"千丘之国"美称的卢旺达是一定要去的。卢旺达的山不是很高，但山清水秀，环境优美。而位于卢旺达东北地区的卡盖拉国家公园是卢旺达最大的野生动物保护区，因其自然条件优越而哺育了大量珍奇的野生动物，加之其风景优美，便成为卢旺达著名的旅游胜地，是游人难得一见的好去处。

卡盖拉国家公园山峦起伏，河流纵横，湖中有岛，岛中有湖，是野生动物繁衍生息的理想世界。

卡盖拉国家公园建于1934年，占地面积2 500平方千米，几乎占国土面积的1/10。卢旺达被巨大的山峰分割，山峰从北到南横跨过去。西部从基伍湖笔直地升起于伯安隔火山，下降成多丘陵的中部高原，然后进一步围绕着卡盖拉河高地向东形成沼泽湖，这就是著名的卡盖拉国家公园。公园里基本都是热带草原气候。年降雨量为1 200毫米~1 600毫米，森林约占全国面积的21%，有锡、钨、铌、钽等矿物。公园地势西高东低，山地和高原很多。东部、南部海拔1 000米以下，多为湖泊和沼泽。中部海拔1 400米~1 800米，多是浑圆的低丘。最高峰卡里辛比山海拔4 507米，水网较稠密，卡盖拉河、尼瓦龙古河、基伍湖等为主要河流。可以说，园内山峦起伏，河流纵横，大小湖泊共有22个，体现出了湖中有岛，岛中有湖的景观。

站在公园的姆丹巴山上，就可以把园内湖光山色尽收眼底。山坡上灌木丛生，树高林密。山谷间镶嵌着大小湖泊，湖周围是绿树成

荫、鲜花盛开的山峦。顺着山谷向东远望，卡盖拉河就像一条银色的带子，沿着东部边界蜿蜒伸展。卡盖拉河是非洲的东部河流，源出布隆迪西南部，由鲁武武河和尼瓦龙古河汇流而成。流经坦桑尼亚、卢旺达、乌干达，最终注入维多利亚湖，长400千米。上游流经山地，形成鲁苏莫瀑布；下游水流平稳，水量丰富，可通航。是流入维多利亚湖的诸河中最长的一条，通常被认为是尼罗河的上源。

因为有足够的水源，整个公园草肥水美，成为野生动物繁衍生息的理想世界。公园内的动物种类很多。灵长目动物有狒狒和猴子等；食肉类动物有狮子、鬣狗、豹等；食草类有大象、河马、犀牛、野牛、斑马、野猪；这里有一种独有的野生动物，是一种名叫"伊帕拉"的羚羊，有150万头，这是在非洲其他野生动物园里见不到的。"伊帕拉"羚羊主要生活在湖滨水畔，平均1平方千米就聚有600只。它们过着群居生活，每一群中有1只占统治地位的雄羚，它可以独自占有一群羚羊中的所有雌羚，其他雄羚不得靠近，否则就会引起一场厮杀。

白天在公园内最难看到的是狮子，它们总是躲避在远离道路的密林中，只有夜晚才出来活动。甚至于有些游客为了看狮子，就在园内搭帐篷过夜。

在卡盖拉河流域和园内的多数湖泊中，生活着很多河马，别看它们在岸边是一副笨拙缓慢的样子，只要到了深水中，它们动作就会敏捷得让人惊讶。

大象是园内最容易让人接近的动物，这些经过训练的庞然大物性情温顺，游人可摸着象鼻与它合影。

游客大多乘车参观卡盖拉国家公园。人们在湖畔可以看到纷飞的彩蝶，听到树上的百鸟啼鸣。大湖中河马时隐时现，鳄鱼在湖中小岛上晒太阳，白鹭神态安详地立在水边，猴子嬉戏玩耍，斑马成群结队，水牛在远处觅食，犀牛被禁闭在远

卢旺达是非洲中部的一个国家，与乌干达和坦桑尼亚等国相邻，大部地区属热带高原气候和热带草原气候，温和凉爽

离道路的管制区内，梅花鹿在敏捷地奔跑，野猪在拼命啃着树皮，四不像在踽踽独行⋯⋯

园区内不仅有丰富的动物物种，也为野生动物的生存繁衍提供了良好的环境，因地形多样，植被也同样茂盛。园内有青山、湖泊、河流、森林、草地、沼泽等，到处都是热带原始森林。这里土地肥沃，草木茂盛，雨水充沛，一片翠绿的景象。

山间谷地的 22 个湖泊中，最大的是伊海马湖，面积为 75 平方千米，湖水清澈碧蓝，波光粼粼，岸边有渔场。每个湖泊都是青山环绕，鲜花盛开，美丽如画。园内的山峰，由茂密的森林覆盖，高大的乔木林涌向天际，有的树粗壮得两个人都抱不住。林间散发着花草的清香味儿，使人觉得呼吸都畅快了很多。地上满是落叶，走在上面感觉软软的，就像走在地毯上一样。即使在一些低矮的土丘上，也是山花争艳，林木茂密，花木丛中夹杂着嶙峋怪石，别具特色。

🔍 小百科

卢旺达是位于非洲中部偏东、赤道南侧的内陆国家，全称卢旺达共和国，面积为 2.63 万平方千米，主要由胡图、图西和特瓦三部分组成，官方语言为卢旺达语和法语，首都是基加利，大部分属热带草原和热带高原气候。

自然胜境

塞内加尔风景区

塞内加尔风景区气候怡人，风光绮丽，拥有得天独厚的自然风貌，并以其特有的景观而闻名于世。那里森林茂密、草原辽阔，动植物种类繁多，是野生动物、珍稀鸟类的乐园。

塞内加尔风景区是塞内加尔国举世闻名的旅游地点，其中包括美丽的塞内加尔河三角洲和独具特色的小风景区。每个来到塞内加尔风景区的人都会到戈雷岛上来，戈雷岛是一座火山岛，小岛面向达喀尔，濒临塞内加尔海岸，由隆起的玄武岩形成的山丘组成。长约九百米、宽约三百米。戈雷，意为"良好的锚地"。

在塞内加尔风景区里还有一个尼奥科罗－科巴国家公园，位于冈比亚河畔，宽 70 千米、长 130 千米，面积 8 500 平方千米。公园内河流众多，雨量充沛，林草茂盛，水资源丰富。

尼奥科罗－科巴国家公园地势平坦，包括几个 200 米高的丘陵，由宽阔的洪泛平原分隔开来。这些平原在雨季被洪水淹没。整个地区表层的土壤是红土和覆盖在寒武纪砂岩河床上面的沉积物，很多地方砂岩从地面裸露出来，还有些变质岩。赞比西河及其两条支流穿越公园而过。

这里的地形多样，气候湿润温和，茂密的森林和热带草原滋养了种类繁多的野生动物，有世界上最大的羚羊——德比羚羊，有黑猩猩、狮子、豹，以及美丽的鸟类，还有爬行动物和两栖动物。

公园中约有三百三十种鸟类、80 种哺乳动物、60 种鱼类、36 种爬行类动物、20 种两栖类动物，以及大量无脊椎动物。代表动物有猎豹、狮子、野狗、野牛、弯角羚、狒狒、绿猴、赤猴、疣猴、德比非

洲大羚羊等。还有三种非洲非常典型的鳄鱼：尼罗河鳄鱼、长吻鳄、侏鳄。由四百多头非洲象组成的象群常常在这里嬉戏。约有一百五十只黑猩猩生活在公园的河谷、森林和山上。鸟类有大鸨、陆地犀鸟、尖翅雁、白脸树鸭、战雕和短尾雕等。遗憾的是，多年的偷猎使此地的猎豹和大象数量急剧下降。

风景区内已有记录的植物种类有一千五百多种，而且还在不断增多。植物种类从南部的苏丹型到热带草原为主的几内亚型，依地势和土壤的变化呈现不同特点。河谷平原地带生长着岩兰草，热带稀疏草原则被大片的须芒草所占据。偶尔也能见到黍类的"身影"，季节性洪水草原常见的有雀稗；而旱地森林由苏丹类植物构成，如紫檀。在斜坡和丘陵地带、突出地面的岩石处及沙地，生长的植物也都形态各异。河边每年都会长出半水生植物，水位上升时它们就会自然消失。在沼泽地和周围地区，这类植物大多生长在干涸的河床上以及天然的堤坝后面。水塘周围是旱地森林和热带草原。有时沼泽中心被茂密的含羞草刺灌木占据。植物有野稻、塞内加尔乳突果和沟儿茶。高的河岸处有金合欢、树头菜、柿树和枣树。

朱贾国家鸟类保护区位于塞内加尔河三角洲、罗斯贝乔以北15千米的低洼河谷中，地处撒哈拉沙漠南缘，距历史名城圣路易斯约六十千米，1981年被列入《世界遗产名录》，这里也是塞内加尔风景区中最为著名的自然保护区。其面积160平方千米，其中毗邻毛里塔尼亚的贾乌灵国家公园，海拔高度高于海平面大约二十米。该地区降水量少，但保护区内有宽阔的湖泊，众多的溪流、运河、水塘和死水湾，还有三条大河流经这里，因此，生态环境非常优越。

朱贾国家鸟类保护区的气候属于雨季旱季轮替的撒哈拉型气候，年降水量300毫米，年均气温27℃。旱季，朱贾虽是整个地区最湿润的地方，但近年来降雨量还不到平均

尼奥科罗－科巴国家公园的海边森林和热带草原保护着种类繁多的动物

量的1/5，因而变得愈加干旱。撒哈拉型大草原植物以金合欢、柳树、橡形木等荆棘灌木为主。雨季在洪水区长出茂密的香蒲和睡莲。喜盐植物特别是盐角草属植物覆盖了大半个地区。浮萍类植物是主要的水生植物。还有包括阿拉伯胶树等典型的金合欢属植物。

建立朱贾国家鸟类保护区是因为该地区对鸟类极为重视。这里庇护着三百多万种鸟类。是西非地区主要的古北区迁徙鸟类保护区之一，也是鸟类飞越撒哈拉沙漠后到达的第一个淡水区。这里得天独厚的地理位置成了无数由北向南和反方向迁徙鸟类的中途停留地。在此地还可以目睹到目前尚未命名的西非鸟类在此筑巢产卵。这里还有成千上万的火烈鸟，非洲镖鲈，鸬鹚、白胸鸬鹚、白脸树鸭、褐树鸭、尖翅雁、紫鹭、夜鹭、各种白鹭、白鹈鹕、苍鹭、非洲白琵鹭，以及濒临灭绝的鸟类苏丹大鸨等。

 小百科

塞内加尔政府为了保护风景区内的热带草原，严格限制烧荒活动。此地设有自然生态系统管理和综合规划机构。20世纪80年代初，世界野生动物基金会专门制订了计划，严禁在塞内加尔风景区内偷猎。

自然胜境
奥卡万戈三角洲

奥卡万戈，这个神秘而美丽的名字，带给了人们无尽的想象。从高空俯瞰，一片绿色湿地如海洋一般望不到尽头。那里风光秀丽、景色迷人，被称为地球上最大的内陆三角洲。

奥卡万戈三角洲地处博茨瓦纳北部，是一块草木茂盛的热带沼泽地，四周环绕着卡拉哈里沙漠草原，是非洲面积最大、风景最美的绿洲。当达到最大规模时，三角洲的面积为 2.2 万平方千米。

当地的土著居民为巴依人，他们是天生的狩猎者。他们凭借一种名为"梅科罗"的独木舟，穿行于三角洲地区。因为河马轻而易举地就可以把木舟掀翻，所以他们在河里要避免直接与河马接触。不过河马为人们的穿行提供了便利的条件，它们踩倒植物，并吃掉大量的草，使水道保持畅通，利于独木舟自由穿行。

奥卡万戈河位于卡拉哈里沙漠北部边缘地区的一块独一无二的绿洲上，它被人们描述为"永远找不到海洋的河"。奥卡万戈河是古代大湖——玛加第加第湖最后的遗迹。奥卡万戈的东北部与宽多河以及科比沼泽河系相邻。据说很久以前，奥卡万戈河、科比河、宽多河和赞比西河前段曾是融为一体的一条大河，它穿过卡拉哈里中部地区，和林波波河汇流，最后流入印度洋。造山运动和断层作用阻断了河流的进程，使它不断后退，进而形成了如今的奥卡万戈三角洲。

奥卡万戈三角洲的水来自安哥拉南部高地。这个地区十分平坦，坡度极小，因此河水呈扇形散开。三角洲水流的终点是波特尔河，位于卡拉哈里沙漠之中。当洪水到达此地时，大部分的水已被蒸发掉了。当奥卡万戈河离开湿润的高地，流入干燥平坦的卡拉哈里后，河

79

道阻塞，水流开始另寻出路，并继续在所经之处留下它的沉积物。随着时间的流逝，200万吨的泥沙和碎片在卡拉哈里沙漠上沉淀下来，形成了独具特色的扇形三角洲。

奥卡万戈河发源于安哥拉高地，上游称库邦戈河。来自安哥拉高地的雨水汇集形成汹涌的洪流，由奥卡万戈河携带着倾入三角洲。3月份下暴雨时，河水泛滥，越过边界进入博茨瓦纳的卡拉哈里沙漠。河流被山脊挟持，形成了相当狭窄的走廊地带。河水漫溢到洪泛平原，冲破芦苇障，环绕岛屿打旋，充注干涸的水道。当洪水来临时，数以千计的动物纷纷逃离，但另一些动物则前来繁殖和觅食，如鸟类、虎鱼、鳄鱼、河马、水龟和蟾蜍等。

洪水除了带来生命之源，也使动物们面临着巨大的挑战。猎豹居住在灌木丛中，洪水泛滥则是它追逐猎物的最好时机，因为它是真正的"飞毛腿"，是世界上跑得最快的动物。

这里还有一种比较稀有的动物——非洲犬，它们的奔跑速度仅次于猎豹。非洲犬号称"杂色狼"，它拥有高超的游泳技术，是优秀的"捕猎者"。非洲犬家庭观念很强，它吃下食物并不马上吞咽消化，而是回到雌犬和幼犬那里，反刍给"妻儿"分享。非洲犬是一种群居动物，当雌犬在洞中生产时，雄犬守卫在洞外。幼犬生下来后，所有的幼犬只归一只雌犬的头领来哺乳，雄犬则努力到外面去猎取食物。

雷雨季节的到来，将给植物以及小动物带来灾难。树木被电火烧

着，许多小动物和昆虫葬身火海，野犬则纷纷逃到岛中，躲避劫难。不过，火也有它的好处，燃烧后的草木灰成了很好的有机肥，为新的植物生长提供了充足的养分。

三角洲丰富的水域为鱼鹰、翠鸟、河马、鳄鱼和虎鱼提供了一个理想的生态环境。洪水泛滥的时候，三角洲上的野生动物开始向这一区域的腹地退缩。每到此时，三角洲成为卡拉哈里大型动物的天然避难所和大水潭。充足的水分使许多令人意想不到的生命形态在这块"沙漠"地带出现了：在水中悠闲自在的鱼儿、在沙滩上晒太阳的鳄鱼、自由吃草的河马和水生的沼泽羚羊。洪水退却后，旱季马上来临，绿洲很快变成了泥潭。水牛成群结队地远涉他乡去寻找新的水源；鳄鱼为了生存，在泥潭里蹿出一条条深沟；穿山甲和鼠类，充分发挥了钻地的本领，躲进地下去生活；而河马却只能在泥潭中挣扎。

位于奥卡万戈三角洲中心地带的莫雷米动物保护区占三角洲总面积的20%左右。保护区内有各种各样的野生动物，如大象、野牛、长颈鹿、狮子、美洲豹、猎豹、野狗、鬣狗、胡狼，还有随处可见的各种羚羊和赤列羚，以及包括各种水鸟在内的丰富的鸟类。莫雷米有开满百合的沼泽地，绿草如茵的草原和郁郁苍苍的森林。

小百科

猎豹属食肉目猫科，外形似豹，但身体比豹瘦削，四肢细长，头小而圆，毛色淡黄并杂有许多小黑点，现分布于非洲，栖息于丛林或疏林的干燥地区，平时独居。它是奔跑速度最快的哺乳动物。

自然胜境

维多利亚瀑布

传说，在维多利亚瀑布的深潭下有一群美丽的仙女，人们听到的轰鸣声，看到的七色彩虹、漫天的云雾都是仙女们的杰作。这虽是传说，但足见在人们心中，维多利亚瀑布是多么雄奇壮美、神秘可爱。

在非洲南部的赞比亚和津巴布韦接壤处，赞比西河上游和中游交界处，宽阔的赞比西河滔滔东流，至马兰巴近处，突然为百米深谷拦腰截断，满江河水犹如万马奔腾，以排山倒海之势，倾泻而下，直冲谷底，撞击声轰鸣四野，声闻几十里，水雾四处飞扬，升腾数百米，蔚为壮观。这就是世界三大瀑布中最为雄伟壮阔的维多利亚瀑布。

维多利亚瀑布被赞比亚人称为莫西奥图尼亚，津巴布韦人则称之为"曼古昂冬尼亚"，两者的意思都是"声若雷鸣的雨雾"（或"轰轰作响的烟雾"）。瀑布的宽度超过2 000 米，奔入玄武岩峡谷，水雾形成的彩虹在20 千米以外就能看到。地球上很少有这样壮观而令人生畏的地方。关于大瀑布，还有一个动人的传说：据说在瀑布的深潭下面，每天都有一群如花般美丽的仙女，日夜不停地敲着非洲的金鼓，金鼓发出的咚咚声，变成了瀑布震天的轰鸣；仙女们身上穿的五彩衣裳的光芒被瀑布反射到了天上，被太阳变成了美丽的七色彩虹。仙女们跳舞溅起的水花变成了漫天的云雾。

赞比西河流经赞比亚与津巴布韦边界时，两岸草原起伏，散布着零星的树木，河流浩浩荡荡向前进，并无出现巨变的迹象。这一段是河的中游，宽达1 600 米，水流舒缓。突然河流从悬崖边缘下泻，形成一条长长的白练，以无法想象的磅礴之势翻腾怒吼，飞泻至狭窄嶙峋的陡峭深谷中，其景色极其壮观！倾注的河水产生一股上升气流，

人站在瀑布对面的悬崖边上，手上的手帕都会被这强大的上升雾气卷至半空。

赞比亚的中部高原是一片300米厚的玄武熔岩，熔岩于2亿年前的火山活动中喷出，那时还没有赞比西河。熔岩冷却凝固，出现格状的裂缝，这些裂缝被松软物质填满，形成一片大致平整的岩席。约在五十万年前，赞比西河流过高原，河水流进裂缝，冲刷掉裂缝中的松软物质形成深沟。河水不断涌入，激荡轰鸣，直至在较低边缘找到溢出口，注进一个峡谷。第一道瀑布就是这样形成的。但这一过程并不会就此结束，在瀑布口下泻的河水逐渐把岩石边缘最脆弱的地方冲刷掉。河水不停地侵蚀断层，形成与原来峡谷成斜角的新峡谷。河流一步步往后斜切，遇到另一条东西走向的裂缝，再次把里面的松软物质冲刷掉。整条河流沿着格状裂缝往后冲刷，在瀑布下游形成了"之"字形峡谷网。

现在人们看到的维多利亚瀑布实际上分为5段。位于最西边的是"魔鬼瀑布"，最为气势磅礴，以排山倒海之势直落深渊，轰鸣声震耳欲聋，强烈的威慑力使人不敢靠近。"主瀑布"在中间，高122米、宽约一千八百米，落差约九十三米。其流量最大，中间有一条缝隙；东侧是"马蹄瀑布"，它因被岩石遮挡为马蹄状而得名；像巨帘一般的"彩虹瀑布"则位于"马蹄瀑布"的东边，空气中的水点折射阳光，产生美丽的彩虹。彩虹瀑布即因时常可以从中看到七色彩虹而得名。"东瀑布"是最东的一段，该瀑布在旱季时往往是陡崖峭壁，雨

季才成为挂满千万条素练的瀑布。

飞流直下的这5条瀑布都泻入一个宽仅400米的深潭，酷似一幅垂入深渊中的巨大窗帘，瀑布群形成的高几百米的柱状云雾，以及飞雾和声浪能飘送到10千米以外，声若雷鸣，云雾迷蒙。数千米外都可看到水雾在不断地升腾，因此它被人们称为"沸腾锅"，那奇异的景色堪称人间一绝。赞比西河经过瀑布后气势依然壮观，河水冲进峡谷，汹涌着直奔过"沸腾锅"的漩涡潭，沿着"之"字形峡谷再往前奔腾64千米向下游进发。

维多利亚瀑布以它的形状、规模及声音而举世闻名，堪称人间奇观。而瀑布附近的"雨林"又为维多利亚瀑布这一壮观景象平添了几分姿色。"雨林"是面对瀑布的峭壁上一片长年青葱的树林（不过周围的草原在干旱季节时会失去绿色），它靠瀑布水汽形成的潮湿小气候长得十分茂盛。作为这里的一大景点，"雨林"仿佛终日置身于雨雾中，即使是大晴天也不例外。铺设于瀑布区的网状步道，穿梭在浓密的雨林间，可保护雨林生态免受破坏，并引导游客到各景点观赏瀑布。漫步于布满水汽的热带雨林步道，非洲炎热的天气也立刻变得清爽凉快。步行于热带雨林中，可欣赏雨林特有的植物：乌檀木、蕨类、无花果、藤蔓植物及各式各样的花卉植物。

🔍 小百科

瀑布是从河床纵剖面陡坡悬崖处倾泻下来的水流。主要由水流对河底软硬岩层差别侵蚀或山崩、断层、熔岩阻塞以及冰川的差别侵蚀和堆积所造成。瀑布形态由造瀑层、瀑下深潭和潭前峡谷组成。

地球自然胜境
DIQIU ZIRAN SHENGJING

大洋洲

自然胜境

艾尔斯岩

号称"世界七大奇景"之一的艾尔斯岩，以其雄峻的气势巍然耸立于茫茫荒原之上。它又被称为"乌卢鲁巨石""人类地球上的肚脐"，并因其富于变幻的神奇色彩而令世人瞩目。

在澳大利亚中部有一片一望无垠的荒原地带，大自然鬼斧神工地劈凿出好几处奇绝景观，其中最负盛名的，当数艾尔斯岩。艾尔斯岩高348米、长3 000米，底部周长约八千五百米，东侧高宽而西侧低狭，是世界上最大的独块岩石。它气势雄峻，犹如一座超越时空的自然纪念碑独自矗立于茫茫荒原之上，在阳光下散发出迷人的光彩。

艾尔斯岩，又名乌卢鲁巨石，是位于艾丽斯斯普林斯西南四百七十多千米处的巨大岩石。只要沿着一号公路往南，车程约五个小时，就可以看到这世界上最大的单一岩石——艾尔斯岩。也有人称艾尔斯

艾尔斯岩被称为"五彩独石山"，一直被认定为澳大利亚的灵魂

岩为"乌奴奴"，这来自于当地的土著语，意指"有水洞的地方"。艾尔斯岩生成于5亿年—6亿年前，号称"世界七大奇景"之一，艾尔斯岩俗称为"人类地球上的肚脐"。因为它久历风吹雨打，所以岩石表面特别平滑。

艾尔斯岩是一位名叫威廉·克里斯蒂·高斯的测量员发现的。1873年，这位测量员打算横跨这片荒漠，当他又饥又渴的时候，突然发现眼前出现这块与天等高的石山，开始他还以为是一种幻觉，难以置信。高斯是从南澳洲来的，所以就用当时南澳洲总理亨利·艾尔斯的名字为这座石山命名。

现在，艾尔斯岩所处的区域已被列为国家公园，每年有数十万人从世界各地慕名前来，观赏巨石的风采。

艾尔斯岩不是石山，而是一块天然的大石头，这让人十分惊奇，然而这块世界上最大的石头是怎么形成的呢？

有人说，它是数亿年前从太空上坠落下来的陨石，2/3沉入了地下，而仅仅露出地面的1/3，就已经如此骇人了。

还有人说，这是1亿2千万年前与澳洲大陆一起浮出水面的深海沉积物，然而此说却无从考证。

目前最为科学的解释是：艾尔斯岩的形状有些像两端略圆的长面包，底面呈椭圆形。岩石成分主要是砾石，含铁量很高，所以它的表面因氧化而发红，整体呈红色，因而又被称为红石。由于地壳运动，阿玛迪斯盆地向上推挤形成大片岩石。3亿年前，又发生了一次神奇的地壳运动，将这座巨大的石山推出了海面。

经过亿万年的风雨侵蚀，大片砂岩已经被风化为沙砾，只有这块巨石有着独特的硬度，整体没有裂缝和断隙，抵抗住了风剥雨蚀，成

为地貌学上所说的"蚀余石"。不过长期的风化侵蚀仍然有一定的痕迹，它的顶部被打磨得圆滑光亮，并在四周陡崖上形成了一些自上而下、宽窄不一的沟槽和浅坑。所以每到暴雨倾盆时，巨石的各个侧面飞瀑倾泻，非常壮观。在广袤的沙漠上，艾尔斯岩如巨兽卧地，又如饱经风霜的老人，雄伟地耸立了几亿年。

艾尔斯岩是大自然中一位美丽的模特儿，随着早晚和天气的改变而变换各种颜色。一般来说，巨石一日之内会变换7种颜色，简直精妙绝伦！

黎明前，巨石如穿上了一件巨大的黑色睡袍；清晨，当太阳从沙漠的边际冉冉升起时，巨石仿佛披上了浅红色的盛装；到中午，它则穿上橙色的外衣，显得非常安逸；而当夕阳西下时，巨石则变得姹紫嫣红，就像熊熊燃烧的火焰；至夜幕降临时，它又匆匆换上黄褐色的外套；风雨前后，巨石又像披上了银灰或近于黑色的大衣，显得深沉、宁静、刚毅而厚重。如果遇到狂风大作、雷电交加的天气，就会出现另一番壮观景色——巨石瀑布，大雨过后，无数条瀑布从"蓑衣"上疾流而下，如千条江河奔流到海。

关于艾尔斯岩变色的原因，地质学家的说法有很多，但是大多数都认为这与它的成分有关。艾尔斯岩实际上是岩性坚硬、密度较大的石英砂岩，岩石表面的氧化物在一天阳光的不同角度照射下，就会不断地变换颜色。因此"多色的石头"并不是什么神秘的法术，只是大自然的造化罢了。

小百科

砂岩是沉积碎屑岩的一种。由沙粒经胶结而成，沙粒含量应占50%以上，其次为胶结物、基质和孔隙。沙粒的成分主要是石英，其次是长石及各种岩屑，有时含云母、绿泥石及少量重矿物。

自然胜境
大堡礁

举世闻名的大堡礁是世界上最长、最大的珊瑚礁区。那里景色迷人，风光绮丽，有绚丽多彩、造型各异的珊瑚，鱼群畅游其中、悠游自在。因此，大堡礁有"透明清澈的海中野生王国"的美誉。

大堡礁位于澳大利亚东北岸，是世界七大自然景观之一，同时也是澳大利亚人最引以为傲的天然景观。1981年整个区域都被列入《世界遗产名录》中。

大堡礁位于太平洋珊瑚海西部，北起托雷斯海峡，南到弗雷泽岛附近，沿澳大利亚东北海岸线绵延两千余千米，总面积达8万平方千米。北部排列呈链状，宽16千米～20千米；南部散布面宽达240千米。

大堡礁水域一共约有六百多个大小岛屿，其中以绿岛、丹客岛、磁石岛、哈米顿岛、芬瑟岛等最为著名。这些各具特色的岛屿现在都已经开辟为旅游区，供各国游客欣赏。

大堡礁由三百五十多种绚丽多彩的珊瑚组成，造型千姿百态。落潮时分，部分珊瑚礁露出水面形成了珊瑚岛。在礁群与海岸之间是一条海路。这里虽然景色迷人，可是水流异常复杂，险峻莫测。这里有世界上最大的珊瑚礁，还有一千五百多种鱼类，四千余种软体动物，二百四十多种鸟类，这里还是某些濒临灭绝物种的栖息地。

大堡礁群中的珊瑚礁有鹿角形、灵芝形、荷叶形、海草形；有红色的、紫色的、黄色的、粉色的、绿色的，色彩斑斓。这一切构成一幅千姿百态的海底景观。珊瑚栖息的水域颜色从白、青到蓝靛，绚丽多彩。珊瑚也有淡粉红、深玫瑰红、黄蓝相间的绿色，异常鲜艳。在

绚丽的珊瑚在水中明艳动人

这里生活着大约一千五百多种热带海洋生物，有海蜇、海绵、管虫、海葵、海胆、海龟，以及蝴蝶鱼、鹦鹉鱼、天使鱼等各种热带观赏鱼。

面对如此美丽的自然奇景，人们不禁想问，这些珊瑚礁是怎么形成的呢？不可思议的是，营造如此庞大"工程"的"建筑师"竟然是直径只有几毫米的珊瑚虫。

珊瑚虫色泽美丽，体态玲珑，只能生活在全年水温保持 22℃ ~ 28℃ 的水域，而且对水质的要求也很高。由此看来，澳大利亚东北岸外大陆架海域正是珊瑚虫繁衍生息的理想之地。

珊瑚虫食浮游生物，能分泌出石灰质骨骼。它们群体生活，老一代珊瑚虫死后留下遗骸，新一代就继续发育繁衍，就像树木抽枝发芽一样，向高处和两旁伸展。就这样日积月累，年复一年，珊瑚虫分泌的石灰质骨骼，连同贝壳、藻类等海洋生物残骸胶结在一起，堆积成一个个珊瑚礁体。珊瑚礁的形成过程是十分缓慢的，存在厚度达百米的礁石，就说明这些"建筑师"们已在此经历了漫长的岁月。同时也说明，在地质史上这个板块曾经历过沉陷过程，使得追求食物和阳光的珊瑚不断向上增长。

珊瑚礁是不断生长的，新珊瑚礁露出水面后很快就盖上一层白沙，上面马上长出植物。最先在珊瑚礁上生长的植物，繁殖速度十分惊人，结出的耐盐果实甚至可以在水上漂浮数月，漂到适合的地方，生根发芽，为其他植物的生长铺平道路。

鸟类也为珊瑚礁上植物的生长作出了重要贡献，它们的粪便使礁石上的土壤肥沃，同时，它们又能把植物的种子散布到各地。例如黑燕鸥常在腺果藤树上筑巢，腺果藤的黏性

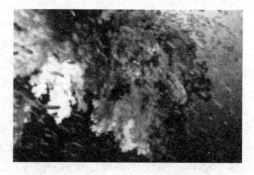

珊瑚颜色鲜艳美丽，而且也可做装饰品

种子往往附在黑燕鸥的翅膀上传播。海鸥最喜欢吃龙葵属的浆果，随着海鸥的粪便，龙葵浆果把种子散布在岛上。

珊瑚的化学成分主要为 $CaCO_3$，以微晶方解石集合体形式存在

珊瑚虫是一种动物，自然界中也有吃珊瑚的动物，例如鹦嘴鱼和刺冠海星。刺冠海星往往把腹腔吐出来贴在珊瑚礁上，慢慢把它消化掉。而刺冠海星的数量会周期性地剧增，甚至可以把整片珊瑚礁吃得一干二净。

大堡礁地区属热带气候，主要受南半球气流控制。那里有温暖醉人的阳光，有沁人心肺的新鲜空气，有湛蓝发光的大海，还有美味可口的海鲜，因此吸引了四面八方的游客来此猎奇观赏。

除此之外，还有不少的迷人景点和景观，如：海中观景，可以乘坐透明的观光船置身海中，欣赏色彩斑斓的珊瑚和鱼儿，也可以乘坐潜艇或亲自潜水至海里，体会在海里与鱼虾共舞的乐趣；在旖旎的珊瑚岛上徜徉，一边欣赏着珊瑚岛天堂般的美景，一边享受绮丽的热带风光。最酷的是乘坐直升飞机盘旋于空中，一览珊瑚岛的全景，好像在观赏一个超美的热带鱼缸。

大堡礁地势十分险峻，周围建有大量的航标灯塔，有的至今仍发挥着作用，而有些已成为著名的历史遗址。这些航标灯塔也已经成为一道景观。

 小百科

托雷斯海峡位于澳大利亚和新几内亚岛之间。因西班牙航海家托雷斯于1606年首先到此考察而得名。东连珊瑚海，西通阿拉弗拉海。长约一百三十千米，宽59千米~170千米。海峡南浅北深，平均水深50米，最浅处仅14米。

自然胜境
塔斯马尼亚荒原

由强烈冰川作用形成的塔斯马尼亚荒原是一个多姿多彩、物种丰富的地区。它以独有的陡峭险峻而成为世人瞩目的焦点。迄今为止，这里依旧完好地保存着温带雨林的原始风貌。

澳大利亚的塔斯马尼亚荒原长期受到冰河的作用，冰蚀地区以及冰蚀公园，到处都是险峻的峡谷峭壁，占地总面积超过 100 万平方千米。塔斯马尼亚荒原是南半球仅存的三个温带荒原之一，也是世界上仅有的几个大型的温带雨林之一。石灰岩溶洞内的遗迹可以证实，人类在这一地区有超过 20 000 年的生存历史，而石灰石洞的发现则可以证明，这里早在两万多年前就已经被冰蚀占领。塔斯马尼亚岛上残存着最完好、广阔的古代雨林，但 1/4 以上的岛屿依然是真正的荒原。

大约 2.5 亿年前，塔斯马尼亚和澳大利亚的其他地区，还有新西兰、南极洲、非洲和印度，都是巨大的冈瓦纳南大陆的一部分。这块巨大古陆占全球陆地的一半以上，剩下的大部分地区都覆盖着温带雨林。

现在，在塔斯马尼亚地区已经发现了温带雨林的最佳残存区。大部分雨林都包含在 10 813 平方千米的区域内，这个区域构成了塔斯马尼亚的世界荒原遗产地。这里主要有四个国家公园、两个保护区、两个州立公园和许多州立森林。

目前，任何一种真正意义上的荒原都已经成为名副其实的日趋稀有的商品，这一大片雨林是一种独特的、已被认真保护和珍藏的珍贵资源。

塔斯马尼亚荒原从海岸开始，一直延伸到海拔高度 1 615 米以上

的塔斯马尼亚中心。在温带海岸雨林的沿海一侧，生长着常绿树，又生长着落叶树。在这样潮湿温和的气候条件下，许多种植物枝繁叶茂，高耸入云。

塔斯马尼亚温带雨林和热带雨林的显著差别在于，虽然林下的植物和附生植物，如苔藓、蕨类和地衣等为争得立足之地而长势旺盛，但是塔斯马尼亚的树种极少。特有树种包括桃金娘科的山毛榉，还有"比利王"松，它们代表着冈瓦纳古陆雨林的真正残余种类。

有些地区还长有桉树，这是世界上最高的显花植物，形成一个高达 91 米的高耸树冠层。在地势较高的地区，高山植物为生存而抗争，树木因严寒、狂风而生长受阻，疖瘤丛生。

澳大利亚因为与冈瓦纳大陆分离，逐渐形成了靠有袋目和单孔目哺乳类动物组成的独特动物体系；塔斯马尼亚岛又进一步分离，产生了许多该岛特有的动物。

塔斯马尼亚距离澳大利亚南海岸 200 千米，是一个与世隔绝的蛮荒世界，面积和爱尔兰差不多。它因出产一种奇异的动物而闻名于世。1930 年，塔斯马尼亚的一个农夫见到并打死了一只奇异的动物，这次看似简单的狩猎让世人扼腕叹息。农夫并不知道他的子弹不仅仅结束了一只动物的生命，还给一个物种敲响了丧钟，这个奇异的动物就是塔斯马尼亚虎。

之后，每年都会有很多意外发现塔斯马尼亚虎的证据出现，虽然其中绝大部分无法确定，可靠性还有待考证，但很多人却宁愿相信塔

斯马尼亚虎仍然存在。在 1995 年，一个森林巡逻员还说他肯定看见了塔斯马尼亚虎，而很多动物学家也始终相信，塔斯马尼亚虎一定存在于森林中的某个角落抚育后代，这个种族依然在传承。塔斯马尼亚虎是一种食肉的有袋类动物，一颗大脑袋长得很像狼，但它们是一种狡猾却又十分害羞的动物，并不能完全称之为"虎"，它长着类似狼的脑袋和狗的身子，是现代最大的食肉有袋动物，又被称为塔斯马尼亚袋狼。它的尾巴像袋鼠，但尾巴基部宽大、坚挺，甚至不能摆动。身上有虎皮斑纹，后腿像袋鼠的腿，腹部还有育儿袋，看上去像袋鼠，而实际上更像狼。塔斯马尼亚虎曾生活于澳大利亚、巴布亚新几内亚和塔斯马尼亚岛。

在澳大利亚 150 种有记载的鸟类中，最珍稀的鸟类应该是黄腹鹦鹉。它们色彩斑斓，主要栖息于小丛树木分布的多沼泽区及草原地区等。在繁殖时节，它们大多成对或是以小群体活动。而且黄腹鹦鹉生性胆小害羞，无法接近，一旦受到惊扰，便会迅速飞到高空中，它们一般会在塔斯马尼亚岛和邻近岛屿之间进行迁移。

毫无疑问，塔斯马尼亚是一个多姿多彩、物种丰富的自然之岛，那里有纯净的水源和天然沃土所孕育的新鲜土特产；还有一流的葡萄酒和未被污染的海滩、山林胜景，众多风景如画的村庄，以及玫瑰、水仙和郁金香处处盛开的天然花园……

小百科

桉树为澳大利亚国树，桃金娘科，一般为常绿乔木。叶通常互生，多为镰刀形，有柄，羽状脉。其木材一般坚韧、耐久，可供枕木、矿柱、桥梁、建筑等用。叶和小枝可提取挥发油，供药用或做香料和矿物浮选剂。

自然胜境
蓝山山脉

桉树挥发的油脂，在阳光的折射下呈现出神奇的蓝色，这便是蓝山这个美丽名字的由来。蓝山山脉因其秀丽的风光、清爽怡人的自然气候，以及其中蕴含的天然景致吸引了众多的游客。

蓝山山脉国家公园以格罗斯河谷为中心，西起斯托尼山，东至加勒比海岸，长约五十千米，由三叠纪时期的块状坚固砂岩积累而成，占地约两千平方千米，拥有众多海拔在 1 500 米以上的山峰，还有面积为 10 300 平方千米的砂岩平原，在其间的陡坡峭壁和峡谷上生长着桉叶植物。

蓝山气候宜人，雨量充沛，茂密热带森林覆盖其上。蓝山山脉拥有三姐妹峰、吉诺蓝岩洞、温特沃思瀑布和鸟啄石等天然名胜。蓝山因众多桉树挥发出的油滴在空气中经过阳光折射呈现蓝光而得名。蓝山地区为桉叶等植物提供了各种典型生长环境，这也使蓝山地区拥有占全球桉叶种类 13% 的 90 类桉叶植物，114 类具有地域特征的植物和 120 种国家稀有植物和濒危植物。此外，在蓝山还发现了几种只能在很小范围内寻觅到的古代遗留物种，这些物种现在非常稀少。

琴鸟是澳大利亚特有的动物，也是蓝山山脉的一道独特景观。它因雄性琴鸟尾巴羽毛酷似古时西方的竖琴而得名。

琴鸟不但因雄琴鸟的艳丽尾羽而著名，其表明自己的霸主地位和吸引异性的炫耀行为，也同样独特。雄琴鸟往往会就地取材，以林地上的废物搭建自己的表演舞台。之后，雄琴鸟一面展尾开屏，展现其漂亮的羽毛，一面发出嘹亮的叫声，随着自己的歌声翩翩起舞，偶尔还会"巡回演出"，多达十余只的雄琴鸟轮流到各自的舞台上表演。

琴鸟聪明伶俐，可以惟妙惟肖地模仿出上百种鸟类或其他动物的声音，甚至包括人类。这方面的本领，雄琴鸟比雌琴鸟更厉害，几乎没有什么声音是不能被琴鸟逼真模仿的。

吉诺蓝岩洞是经过亿万年地下水流冲刷、侵蚀而形成的，深邃莫测且雄伟绮丽。主要有王洞、东洞、河洞、鲁卡斯洞、吉里洞、丝巾洞及骷髅洞等洞穴景观。1838年吉诺蓝岩洞被欧洲人发现，新南威尔士州政府约在1867年将其列为"保护区"。洞内在灯光的照射下，钟乳石、石笋、石幔光芒四射，光怪陆离。王洞中的钟乳石石笋相接，又长又尖。河洞中的巨大钟乳石形成气势非凡的"擎天一柱"，鲁卡斯洞的折断支柱等都是大自然创造的奇观。

三姐妹峰距悉尼约一百千米，峰高450米，耸立于山城卡通巴附近的贾米森峡谷之畔。三姐妹峰险不可攀，1958年在其上修建的高空索道，是南半球最早建立的载客索道。三姐妹峰的三块巨石如少女并肩玉立，因此得名。传说巫医的三个美丽女儿为防歹徒加害，在其父运用魔骨的巫术下化为岩石。其后，魔骨在巫医与敌人的搏斗中丢失，她们也因此无法还生。峰下飞翔的琴鸟，传说就是仍在寻找魔骨的巫医的化身。

蓝山山脉的温特沃思瀑布飞泻而下，落入下面300米深的贾米森谷底。纵观瀑布，高原和山峰在云雾中若隐若现，大瀑布如银花飞溅，气势磅礴。

 小百科

琴鸟的体形较大，略似鸡，通体浅褐色。整个尾形颇似古希腊七弦竖琴。有华丽琴鸟和艾伯氏琴鸟两种。琴鸟生活于热带雨林的密林中，它们擅长效仿其他鸟类的鸣声，甚至可效仿某些兽叫和人语。

自然胜境
岩塔沙漠

岩塔沙漠中林立着无数塔状孤立的岩石，故而得名。形态各异的岩塔遍布于茫茫黄沙之中，景色壮观，使人感觉神秘而怪异，久久不能忘怀。

在临近澳大利亚西南海岸线的楠邦国家公园内，有一片人迹罕至的沙漠，这就是位于澳大利亚西部的西澳首府珀斯以北约二百五十千米处的岩塔沙漠。岩塔沙漠中矗立着无数塔状孤立的岩石，故而得名。

这是一片神秘的岩塔沙漠。暗灰色的岩塔高约一百二十五米，矗立在平坦的沙面上。往沙漠腹地走去，岩塔的颜色由暗灰色逐渐变成金黄色。每个岩塔形状不同，有的表面比较平滑，有的像蜂窝；有的岩塔酷似巨大的牛奶瓶散放在那里，等待送奶人前来收集；还有的名为"鬼影"，中间那根石柱状如死神，正在向四周的众鬼说教。其他岩塔的名字也都形如其名，例如"骆驼""大袋鼠""臼齿""门口""园墙""印第安酋长"或者"象足"等。虽然这些岩塔已有几万年的历史，但却是在近代才从沙中露出来的。

19世纪，从来没有人提及过这些岩塔。如果它们露出地面，肯定会被在珀斯以南沿着海岸沙滩牧牛的牧人发现。1837年—1838年，探险家格雷在其探险途中曾从这个地区附近经过。他每过一地，必详细记下日记，但在他的日记中并没有关于岩塔的记载。

科学家估计，这些岩塔在20世纪以前至少露出过沙面一次。因为在有些石柱的底部发现黏附着贝壳的石器时代的制品。贝壳经放射性碳测定，大约有五千多年历史。这些尖岩可能在六千多年前已被人发现过，可能这些岩塔后来又被沙掩埋了数千年。1658年，曾在这一

带搁浅的荷兰航海家李曼也没有提及它们，只是在他的日记中提到两座大山——南、北哈莫克山，都离岩塔不远。沙漠上风吹沙移，会不断把一些岩塔暴露出来，因此，几个世纪后，这些岩塔有可能再次消失，但它们的形象已经在照片中保存下来了。

这片沙漠荒凉不毛，岩塔林立，人迹罕至，一片死寂

帽贝等海洋软体动物是构成岩塔的原始材料。几十万年前，这些软体动物在温暖的海洋中大量繁殖，死后，贝壳破碎成石灰沙。这些沙被风浪带到岸上，一层层堆成沙丘。

最后，在冬季多雨、夏季干燥的地中海式气候下，沙丘上长满了植物。植物的根系使沙丘变得稳固，并不断积累腐殖质。冬季的酸性雨水渗入沙中，溶解掉一些沙粒。夏季，沙子变干，溶解的物质硬结成水泥状，把沙粒粘在一起变成石灰石。腐殖质增加了下渗雨水的酸性，加强了黏性作用，在沙层底部形成一层较硬的石灰岩。植物根系不断深入这层较硬的岩层缝隙，使周围又形成更多的石灰岩。后来，流沙把植物掩埋，植物的根系腐烂，在石灰岩中留下一条条缝隙。这些缝隙又被渗进的雨水溶蚀而拓宽，有些石灰岩风化掉，只留下较硬的部分。沙一被吹走，这些石灰岩就露出来成为岩塔。

岩塔沙漠虽然少有游客观赏，但沙漠中奇形怪状的岩塔却吸引着富有挑战精神和好奇心的人们前往一试。岩塔沙漠上的石灰质岩石是大自然花费数万年时间完成的杰作，其出现与消失同样神秘。

小百科

澳大利亚的岩塔沙漠虽然很荒凉，但在它的四周却丛生着灌木丛，这里还是澳大利亚特有动物大袋鼠的栖息之地。它是草食性动物，前肢较小，后肢很发达，第四趾特别大，喜好跳跃。

自然胜境
艾尔湖

艾尔湖位于南澳大利亚州东北部，因探险家艾尔最先发现艾尔湖的奥秘而得名。面积和湖区轮廓很不稳定。雨季降水，湖面随之扩大，成为溃水湖；旱季蒸发，湖面缩小，湖底变成盐壳。

1832 年，一支勘探队意外地在澳大利亚中部发现了一片覆盖了厚厚盐碱的盆地。"那也许是一片古代湖泊干涸后留下的盐滩，也许它已经干涸很久了。"勘探队这样猜测着。

1860 年，又一支勘探队经过这里，他们没有找到传说中的盐滩，而恰恰相反，他们在这里发现了一个碧波荡漾的湖泊，大批的鸟类聚集在湖畔，植被茂密异常，一切都是那么生机勃勃……

一名勘探队员不解地说："真的是一个湖泊，我相信自己的眼睛，这简直就是沙漠中的奇迹。"

第二年，艾尔骑着骆驼，经过无数土著人的带路，历尽千难万险来到这里，却发现，他心中那个波澜壮阔的无边湖泊，竟然是一个没有丝毫生命迹象的盐湖。骆驼的脚掌踩在这块土地上，层层的盐土又在动作之间散落在脚边，一望无际的白色，渐渐在艾尔的眼中扩大，直至他的大脑也开始一片空白。这种感觉肯定随着干燥的空气慢慢地渗进他的毛

孔，心好像也变成了盐土，又苦又涩。艾尔绝望地回到欧洲，但是他不知道，在 30 年后，这个没有丝毫生命迹象的地方，竟然发生了惊天动地的变化。命运真是不可捉摸，他

不过是在错误的时间，来到了正确的地点。澳大利亚是世界上最干燥的大陆，一年中有很长的时间不会下雨，但是，下雨的时候，又会让所有的人难以置信。艾尔湖，当初以艾尔的名字来命名，但是艾尔却用"死亡的心脏"来称呼他发现的盐湖，这个称呼至今还在沿用。

可是，他永远都不能想象的是，在他离开30年以后，澳大利亚的上空，开始聚集厚厚的雨云，越积越厚，然后水汽开始从云层中挣脱出来，大滴大滴地落向地面，暴雨倾盆而下，开始在地面汇集，汇成河流，但是，没有一滴水流入大海，而是全部流入澳大利亚海拔最低的地方——低于海平面15米的艾尔湖。

雨停了，洪水消失了，艾尔湖被填满，成了名副其实的湖泊。可惜，艾尔永远不会看到了！大批的鹈鹕和其他鸟类从各个地方飞来，没有人知道它们是依靠什么来预知艾尔湖已经被雨水填满的。湖里出现了大量的鱼和虾，都是被雨水顺流冲下留在湖里的。那些鸟，好像是收到了"邀请"，从千里之外赶来赴这场饕餮盛宴。它们会在这里享受美食，繁衍生息，等到湖里的鱼虾被吃完以后，再匆匆离去，等到30年以后，它们出生时被烙印的本能，会再带它们回来，在正确的时间，回到这个正确的地点。

 小百科

在1860年发现艾尔湖的勘探队在第二年又回到那里，但是他们惊讶地发现，那个生机勃勃的湖泊消失了，取而代之的是一片荒凉的盐滩：碧波、飞鸟、植被，什么都没有了。

自然胜境
乌卢鲁国家公园

乌卢鲁国家公园坐落在以红色沙土地著称的澳洲中部，面积约有1 325平方千米，建立于1958年。它以其壮观的地质学构造及自身所具有的重要文化价值而闻名于世。

乌卢鲁国家公园以奇特的岩石组合闻名于世，在地质学家的眼里，它们代表了特殊构造和侵蚀过程。乌卢鲁和卡塔曲塔的岩石组合及其邻近的、在科学上具有重要意义的动植物组合与周围大范围的沙漠背景形成了强烈的反差，带有浓厚的自然地理特征的韵味。这个公园曾经被联合国教科文组织认定为生物圈保护地，与之相类似的生物圈保护地在澳大利亚共有12个。

乌卢鲁国家公园里有植物480种、爬行动物70种、哺乳动物40种。爬行动物中最著名的是巨蜥，它的体长可达2.5米。皮呈橄榄绿色，装点着美丽的花纹。这个地区还有剧毒的褐眼镜王蛇和西部眼镜蛇，长达1.8米。生活在沙丘间的青蛙、蜥蜴、袋鼹以及跳鼠都是毒蛇很容易捕捉的猎物，也是澳大利亚野狗的猎物。红袋鼠有时也到这个地区来吃草，而胆小的岩袋鼠则在白天躲在岩洞里。大约有一百五十种鸟在这里栖息，包括鸸鹋、楔尾雕和吸蜜鸟。

1994年，由于人们认识到了在乌卢鲁国家公园地区，土著人和自然环境共生关系的重要意义，以及公园自身重要的文化价值，公园得以在世界文化遗产中进行重新登记，成

为世界上第二个被称为"文化景观"的世界遗产。

在澳大利亚炎热、多沙的北部平原上，孤独挺拔地矗立着一块巨大的红色砂岩，十分壮观。澳大利亚土著阿波利基尼人称这块巨石为"乌卢鲁"，意为"遮荫之处"，这就是世界著名的艾尔斯岩。这里是土著阿波利基尼人的神圣之地。砂岩底部有一些浅洞穴，洞内有雕刻和壁画。

乌卢鲁是一块巨大的圆形柱石，而卡塔曲塔则似一块石头圆屋顶坐落在乌卢鲁西部。这些巨石和岩山形成于6亿年前，形成了世界上最古老人类社会之一的传统信仰体系的一部分。

艾尔斯巨石是目前世界上最大的巨石。成分为砾石，由风沙雕琢而成，呈椭圆形。岩石光滑，形状有些像两端略圆的长面包。此石大部分埋于沙下，仅平坦顶部露于沙上。这种构造在地质学上称为"岛山"。此石东北面裂开一块高150米的薄岩块，依附于岩壁之上，这一石柱被称为"袋鼠尾巴"，土著人将其视为神的象征。

卡塔曲塔是在乌卢鲁西面的岩石圆顶屋。它的主要成分是沉积岩，风雨的长期侵蚀将岩石表面磨蚀成了现在的屋脊形状。在当地，卡塔曲塔有"巨人"之称。

这一地区雨水稀少，但偶尔也有大雨。大雨过后，雨水从高耸的陡坡倾泻而下，在岩石上留下一条条黑色条纹，在岩隙里形成许多水坑，但大部分水都流到下面的平地上，使蓝灰檀香木、红桉树、金合欢丛，以及沙漠橡树、沙丘草等植物得以在周围的沙丘生长。沙漠橡树的针状叶减少了水分蒸发，其厚厚的树皮也能耐热。山南的穆蒂特尤鲁大水池，也叫马吉泉，除了非常干旱的季节外，泉水不枯。其他水坑可蓄水数周或数月，大部分会很快在酷热下蒸发掉。住在水池里的水蛇被土著人认为是池水的守护神。

小百科

风沙流遇阻或风速减缓后堆积于地面的丘状沙地，主要分布在干旱、半干旱地区。在大河冲积平原或沿海平原的多沙地区，当风力盛行时，可以将沙搬运，就近堆积成为沙丘。

自然胜境

普尔努卢卢国家公园

普尔努卢卢国家公园内有著名的邦格尔邦格尔山脉，还有奇特的大峡谷，该峡谷貌似一个大洞窟，直耸云间，非常壮观。来自世界各地的游客都被这里美丽的风景吸引。

澳洲是世界上最古老的土地之一，这里拥有最美丽的风情，百年的积淀形成了雄伟的峡谷、湍急的瀑布和古老的地貌。普尔努卢卢国家公园是澳大利亚第十五个被列入《世界遗产名录》的景区，占地2 400平方千米。

普尔努卢卢因它原始的自然资源和地理环境而备受赞誉。这里提供边远地区的探险，有很多土著艺术和土著遗址。世界遗产协会指出这里重要的土著文化遗迹有2万年历史。难以置信的是这些山顶、峡谷和雨季的瀑布除了诗人、科学家和土著人，直到1982年才为人们知晓。第一次公开航拍的照片后，这一带很快就为世人所知。这些蜂窝状的岩石比周围的平地高了250米，这的确是惊人的奇观。

被称为西澳最惊险的地质路标之一的邦格尔邦格尔山脉就在公园

内，它是西澳大利亚洲最有魅力的地质奇观。这个山脉高于海平面578 米，高于平原200 米～300 米，被森林和草地覆盖，还有陡峭的悬崖。虽然是由松软的砂岩组成，但是邦格尔邦格尔山脉已经存在了2 000 万年。山脉中的黑色层面由青苔演化而成。从飞机上向下俯瞰，山脉的景色十分壮丽，小山像是交织着橘色和黑色条纹的蜂窝，镶嵌在硅土和海藻覆盖的表皮之中，从南部看更加清晰。驾机继续观看整个山脉，展现在眼前的将是一个隐藏的山川世界。土著人善于在雨季的时候充分利用邦格尔邦格尔山脉丰富的植物和动物资源。

由于从空中能够看到邦格尔邦格尔山脉的全景，所以最好的浏览方式是空中景点游。在 4 月到 11 月间来邦格尔邦格尔山脉，帐篷是唯一的住宿选择。

普尔努卢卢国家公园还有很多其他自然景观，包括"针鼹鼠的洞""峡谷大教堂"和"翱翔的峡谷"等。位于西澳大利亚州最北部的金伯利高原是世界上最后的野生地区之一。占地面积达到 423 000 平方千米，人口大约只有三万，人口密度非常小。今天，普尔努卢卢与其他自然财富，比如鲨鱼湾、艾尔斯岩、大堡礁等并列成为澳大利亚内陆的瑰宝。

小百科

峡谷是由于构造迅速隆起，河流剧烈下切而形成的。当河流经过干旱地区时，对松散岩石进行下切之后也能形成。某些水下峡谷是现有河道的延长部分，可能是过去海平面比现在低的时候形成的。

地球自然胜境
DIQIU ZIRAN SHENGJING

美 洲

自然胜境

尼亚加拉瀑布

尼亚加拉瀑布位于加拿大和美国交界的尼亚加拉河中段，与伊瓜苏瀑布和维多利亚瀑布合称为世界三大瀑布。它以宏伟的气势，独特的形状，震撼了前来观赏的游人。

享誉世界的尼亚加拉瀑布号称世界七大奇景之一。尼亚加拉瀑布，也可直译为尼加拉瓜瀑布。"尼亚加拉"在印第安语中意为"雷神之水"，印第安人认为瀑布的轰鸣是雷神说话的声音。

尼亚加拉瀑布的水流冲下悬崖至下游重新汇合之后，在不足 2 千米长的河段上跌宕而下，流速远高于大瀑布，形成了 15.8 米的落差，演绎出世界上最狂野、最恐怖、最危险的漩涡急流。下面的漩涡潭水深 38 米，瀑布急流在此一个蛟龙翻身，经过左岸加拿大的昆斯顿、右岸美国的利维斯顿，冲过"魔鬼洞急流"，沿着最后的"利维斯顿支流峡谷"由西向东进入安大略湖。

尼亚加拉瀑布的形成源于不寻常的地质构造。在尼亚加拉峡谷中，岩石层是接近水平的，表面一层是大理石，下面则是易被河水侵蚀的松软的地质层。瀑布至少在 7 000 年前就已形成了，最早则有可能是在 25 000 万年前形成的。当时瀑布应该位于安大略湖的南岸，高度应在 100 米以上，其声势之大，远非今天的瀑布所能比拟的。

尼亚加拉被西方人认识是在新大陆被发现之后。1678 年，一位法国传教士来到这里传教，偶然间发现了这一大瀑布，称赞它是"不可思议的美"，并细心地记下了自己的见闻，对这绝妙的人间仙境进行了传神的描述。而给这个瀑布命名的是欧洲探险者雷勒门特，1625 年，他第一个写下了这条大河与瀑布的名字，称其为"Niagara"（尼亚加拉）。而真正让尼亚加拉瀑布声名鹊起的是法国皇帝拿破仑的兄

弟吉罗姆，当时吉罗姆带着他的新娘不远万里从新奥尔良搭乘马车来到尼亚加拉瀑布度蜜月，回到欧洲后在皇族中大肆宣扬这里的美景，于是，欧洲兴起了到尼亚加拉度蜜月的风气。时至今日，到这里度蜜月仍被人们认为是一种时尚。

现在，尼亚加拉瀑布周围建设了一系列的游乐设施，在加拿大一侧被划为维多利亚女王公园，美国一侧被划为尼亚加拉公园，瀑布四周建立了四座高塔。游人可乘电梯登塔，眺望全景，也可乘电梯深入地下隧道，钻到大瀑布下，倾听瀑布落下时雷鸣般的响声。美国居民或游客也只有来到加拿大境内，才能完整地观赏到瀑布的壮丽景色，每年来这里参观的游客高达 1 400 万人。尼亚加拉瀑布是一幅壮丽的立体画卷，从不同的角度观赏，总会有不同的感受。

在美国境内的瀑布称为亚美利加瀑布，瀑布旁边有一个鲁纳岛，水流又被岛一分为二，分出了一条小瀑布，因其水流较小，如同一位戴着面纱的新娘，故称"新娘面纱瀑布"；最大的瀑布在加拿大安大略省境内，称为马蹄瀑布。瀑布宽 793 米，落差 49.4 米。这两个瀑布的高度和幅宽是随水量的变动而变动的。马蹄瀑布的水量很大，水冲到河里呈青色，而亚美利加瀑布的水则呈蓝色。

亚美利加瀑布更让人着迷的是激流冲击瀑布下的岩石的情景。岩石层层叠积，犬牙交错，高高的激流冲下来，冲进岩石的缝隙，又纷纷从各条缝隙中喷涌出去，跌到下层的岩石里，再从更下层的岩石间

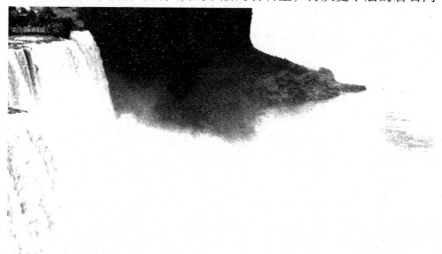

喷发而出，汇入滚滚东去的涌流中。

紧挨亚美利加瀑布的"新娘面纱瀑布"，具有宽广细致的特点。由于湖底是凹凸不平的岩石，水量又不大，因此水流呈漩涡状下落，溅起细碎的浪花，与垂直而下的大瀑布相比，呈现的是一种柔性美。

加拿大的尼亚加拉城白天彩旗飘扬，夜晚焰火腾空，流光溢彩，连大瀑布也被罩上了七彩霓虹，人们还可以到小巧玲珑的植物园观赏奇花异草；到巨屏立体电影院欣赏罕见的瀑布景观。与加拿大尼亚加拉城的优雅整洁相比，美国的尼亚加拉瀑布小镇就显得安静多了，这里没有喧闹嘈杂、市井繁华。原来，尼亚加拉河美国一侧的土地属于政府允许的印第安自留土地，这里的酋长喜欢清静，坚持不建娱乐设施，特别是赌场。

尼亚加拉瀑布附近有"四多"：餐馆多、旅馆多、博物馆多、出售纪念品的商店多。靠近瀑布的几座建筑物里几乎全是卖纪念品的商店。纪念品多以尼亚加拉瀑布或加拿大的象征——枫叶为背景或图案。

小百科

尼亚加拉河中的戈特岛使尼亚加拉瀑布分为两段：左属加拿大，名马蹄瀑布；右属美国，称亚美利加瀑布。亚美利加瀑布的水量要远远小于马蹄瀑布，据说整个尼亚加拉瀑布的水只有6%是从亚美利加瀑布流下的，而且亚美利加瀑布的水呈蓝色。

自然胜境
密西西比河

密西西比河是世界第四长河流，也是北美洲地区最重要的一条内陆经济河流。现今人们正在利用密西西比河进行大规模的航运运输，密西西比河的运输作用也正在加强。

密西西比河同南美洲的亚马孙河、非洲的尼罗河和中国的长江并称世界四大长河，全长为6262千米，名列第四。密西西比河位于北美洲中南部，也是北美洲流域面积最广、流程最长、水量最大的河流。"密西西比"来源于印第安人阿耳冈昆族语言，"密西"和"西比"分别是"大、老"和"水"的意思，"密西西比"即"大河"或"老人河"。密西西比河北起五大湖附近，南达墨西哥湾，东接阿巴拉契亚山脉，西至落基山脉，南北长达2400千米，东西宽2 700千米，流域面积322万平方千米，约占北美洲面积的1/8。

源头艾塔斯卡湖到明尼阿波利斯和圣保罗，这一段属于密西西比河的上游，地势低平，水流缓慢，河流两侧有很多冰川湖泽，湖水多形成急流瀑布而后注入干流。在明尼阿波利斯附近，河流流经1.2千米长的峡谷急流带，落差为19.5米，形成了著名的圣安东尼瀑布。沿途有明尼苏达河等支流汇入。密西西比河的中游从明尼阿波利斯和圣保罗至俄亥俄河口的开罗，长1 373千米，两岸先后汇入奇珀瓦河、威斯康星河、得梅因河、伊利诺伊河、密苏里河和俄亥俄河。圣路易斯附近及其以南地段，河床落差减小，河谷渐宽；圣路易斯以北河段，河床坡度大，多急流险滩。河流在河口处堆积成面积达2.6万平方千米的巨大鸟足状三角洲，年平均输沙量达4.95亿吨，以平均每年96米的速度继续向墨西哥湾延伸。

密西西比河的支流像一棵大树的茂密枝丫一样分布在整个流域之

中。其中最主要的支流有密苏里河、阿肯色河、俄亥俄河、雷德河和田纳西河等。众多的支流联系着大半个美国的经济区域。整个水系流经美国本土的31个州，加拿大的2个州，绝大部分在美国境内，占美国全部领土的2/5左右。

密西西比河流域内大部分都是平原，为美国中南部提供了丰富的灌溉水源和工业、生活用水。历史上每当春夏之季，河水暴涨，中游以下沿河低地极易泛滥成灾，有"美洲尼罗河"之称。1928年，美国政府制订了全面整治密西西比河的防洪法案和干支流工程计划，干流中下游河段均建造防洪堤坝。经过几十年的努力，密西西比河在航运、水电、灌溉、养鱼等方面给美国带来了巨大的经济效益。

密西西比河的上游都是在古老的岩面上发育的，经过强烈的冰蚀，风景虽然优美但土质很薄，河岸坚岩往往外露，形成了无数个星罗棋布的湖泊。这些大大小小的湖泊像天然水库一样对密西西比河的水源补给起到了重要的调节作用。其中最有代表性的就是密苏里河。

密苏里河主流发源于美国西北部，落基山脉的黄石公园附近。这一地区水土流失比较严重，流域水源主要靠高山雪水补给。泥沙含量在密西西比河流域内的干、支流中首屈一指，年平均含沙量达3.1亿吨，约占整个密西西比河每年输入海洋中的泥沙量的75%。所以美国人曾称密苏里河为"狂暴的大泥泞河"。每当大雨过后，浑浊的河水像泥流一样，滚滚流入密西西比河，在密苏里河口以下一百多千米

内，浑浊的密苏里河河水与清澈的密西西比河河水甚至还能分辨开来。因此，对于生活在密苏里河岸边的人来说，河水既不能耕作，也不能饮用，对于当地农业灌溉和航运都存在着一些不利的影响。

密西西比河沿岸还有美国中北部最年轻的大城市——"双子城"，也称"千湖之城"，这里是美国重要的轻工业中心之一，也是美国中北部较大的商业、金融、电子、农业机械和运输机器制造中心。这里还是重要的枫树产地。枫树木材可制成家具或供建筑之用，又能绿化大地，美化环境，还可以提取枫糖，可以说是美国十分重要的经济作物。现在这里已经开发成了游览区，每年来观赏和采摘红叶的人数不胜数。

 小百科

密苏里河是密西西比河最长的支流。位于北美洲中西部，由杰斐逊河、麦迪逊河和加拉廷河在美国蒙大拿州西南部汇合而成。整条河穿越山区，河床落差大。

自然胜境
科罗拉多大峡谷

科罗拉多大峡谷被称为"地球的伤痕"，它是地球上令人触目惊心的一道自然奇景，也是地球地貌沧海桑田、日月变换的佐证。它凭借其错综复杂、色彩丰富的地面景观而驰名。

科罗拉多大峡谷是举世闻名的自然奇观，是地球上唯一能够从太空中用肉眼观察到的自然景观。许多到过此地的人都为之感叹：只有闻名遐迩的科罗拉多大峡谷才是美国真正的象征。

科罗拉多大峡谷位于美国亚利桑那州、科罗拉多高原上，由于科罗拉多河贯穿其中而得名。科罗拉多河发源于科罗拉多州的落基山，洪流奔泻，经犹他州、亚利桑那州，由加利福尼亚湾入海。"科罗拉多"在西班牙语中的意思是"红河"，这是因为河中夹带大量泥沙，河水常显红色。大峡谷全长350千米，平均宽度为16千米，平均谷深1 600米，最大深度1 740米。

1919年，威尔逊总统将大峡谷地区开辟为"大峡谷国家公园"，1980年，联合国教科文组织将其列入《世界遗产名录》。

大峡谷总面积接近3 000平方千米，真正身临其境的人，只能从峡谷南缘或者北缘欣赏大峡谷的局部景观。这倒是应了"不识庐山真面目，只缘身在此山中"的道理。任何人都不可能一眼就看遍大峡谷的全貌，只有从高空俯瞰，才有可能完整地欣赏到这条大地的裂缝。科罗拉多大峡谷是自然的奇迹，到了这里，你才会意识到人类在大自然面前是多么的微不足道。

大峡谷并不是世界上最深的峡谷，但是它凭借其错综复杂、色彩丰富的地面景观而驰名。大峡谷山石大多为红色，从谷底到顶部分布

着从寒武纪到新生代各个时期的岩层，层次清晰鲜明，色调各异，并且含有各个地质年代的代表性生物化石，因此又被称为"活的地质史教科书"。从地质角度看，大峡谷有着极高的研究价值。从远古时代保留下来的巨大石块，裸露在峡谷壁上，因其坚硬粗犷而异常美丽。当然，这里也是地球上关于风蚀研究所能找到的最迷人的景点。大峡谷以小科罗拉多河为起点，是全长2 333千米的科罗拉多河强烈的侵蚀切割形成的19个主要峡谷中最著名的一个，也是最长、最宽、最深的一个。

科罗拉多大峡谷的形成经过了漫长的岁月，在几千万年甚至几万万年中，科罗拉多河的激流一刻不停地冲刷着它，在高原上雕刻出一道巨大的鸿沟，并赋予它光怪陆离的形态，其走势大致呈东西走向。大峡谷两岸都是红色巨岩断层，岩层嶙峋，堪称鬼斧神工。两岸重峦叠嶂，夹着一条深不见底的巨谷，显得无比的苍劲壮丽。更加奇特的是，伴随着天气变化，水光山色变幻莫测，天然奇景蔚为壮观。

最为奇异的是，这里的土壤大都呈褐色，但在阳光照耀下，依太阳光线的强弱，岩石的色彩会变幻无穷，时而是棕色，时而是深蓝色，时而又是赤色。这时的大峡谷，宛若仙境般七彩缤纷、神秘迷幻，好像一块巨大的调色板，又好像仙境落入了人间。这种自然现象的产生是由于大峡谷谷壁的岩层中含有不同的矿物质，它们在阳光的照耀下反射出不同色彩导致的。铁矿石在阳光下会形成红、绿、黑、棕等颜色，石英岩会显出白色，其他氧化物则产生各种暗淡的色调。多变的色彩更加彰显出大自然的斑斓诡谲，扑朔迷离。

蜿蜒于谷底的科罗拉多河曲折幽深，峡谷中部分地段河水激流奔腾，所以沿峡谷漂流成为吸引游人的探险活动。

地球自然胜境

　　由于大峡谷的地层结构不同，疏密有别，加之地质年代各异，经河水冲刷后，就形成了许多形状奇特、变幻无穷的岩峰峭壁和洞穴，有的如蜂窝，有的如蚁穴，有的尖耸如宝塔，有的堆积如砖石。当地人按其各自的形态、风格，对这些大自然的杰作，冠以一些神话故事中的美名，如阿波罗神殿、狄安娜神庙、婆罗门神庙等等。大峡谷中有几处名传天下的胜景，它们是"天使之窗""皇家山谷""帝王展望台"和"光明天使谷"等。其中，"天使之窗"位于南缘，它是在一面山峰上出现的一个通天空洞。

　　科罗拉多大峡谷与几十个国家公园相连，其中最著名的是塞昂国家公园、拱门国家公园、布赖斯国家公园和纪念谷等。

　　大峡谷不仅风光旖旎，而且野生动植物种类繁多，堪称一个庞大的野生动植物园。据统计，目前已发现的禽类、鸟类、哺乳类动物、爬行和两栖类动物多达四百多种，而各种植物则多达 1 500 种。

小百科

　　恐龙化石按埋藏地层可大致分为古生代化石和中生代化石，其中中生代恐龙化石占绝大多数。恐龙化石的形成与地质运动有极大的关系，如果没有地质运动，恐龙化石是不可能存在的。

自然胜境

风 穴

风穴是美国南达科他州的著名景观。洞口强劲的风与洞内平静怡人的景色形成了鲜明的对比。此外，洞内罕见的美丽岩石闪烁着不同颜色的光芒，吸引了无数探险者前来观光。

风穴位于美国南达科他州的温泉城以北、约十六千米的一片起伏不平的冈峦之间，温德岩洞国家公园内。风穴建于 1903 年，是为了保护一系列石灰岩洞和布拉克山。其面积约一百一十三平方千米，岩洞包含 82 千米的探险通道。园内有世界称奇的洞窟，称为"风洞"或"风穴"，因洞内外空气产生压强，致使强大气流不停地进出洞口而得名。然而在洞中却平静无风，凉爽宜人，温度常保持在 8℃ 左右。

这个迷宫般的巨大地下洞窟，一直被印第安人视为圣地。在拉科他族印第安人的传说中，北美草原的野牛就来自这个洞穴。

1881 年，一个美国的拓荒者从一个洞里听到了巨大的声响，走进洞口一看，竟然发现从洞里吹出了一股很强的风。接下来的事情就顺理成章了，也许是因为好奇，也许是想踏入这个无人涉足的地方，因此不断有人进入洞穴探险。然而，几百年已经过去了，直到今天，这个地下洞穴系统的新坑道仍不断被发现，而这个地下洞穴的尽头依然没能被找到。

岩洞有人工修筑的大门，是由方解石沉积而成的水晶颗粒构成。最初发现风穴时的那个天然入口，是迄今为止人们所发现的唯一一个与地面相通的天然入口。几个世纪以来一直有强风从这个洞里吹进吹出，好奇的人们也从来没有间断过对它进行探索。现在，为了方便游客进出，国家公园已修建了电梯，现在的游客已无须再从这个小洞往下钻了。

一般情况下，人们提起地下洞穴，总会联想到潮湿滴水、钟乳石和黑压压的一群蝙蝠，但是在风穴里几乎看不到这些东西。

风穴极少有像一般溶洞那样的石笋或钟乳石，风穴的甬道很狭窄，石室也远不及猛犸洞窟或宝石洞窟大。岩洞凉爽宜人，温度一般保持在8℃左右，洞内有罕见的带有方形花纹和霜花花纹的美丽岩石。方形花纹是方解石晶体结构，从明亮的黄色到淡红色、浓棕色、深蓝色，逐一不等。霜花花纹是由沿着洞顶和洞壁形成的许多微小透明水晶颗粒构成的。

风穴使温德岩洞国家公园闻名世界，但这个国家公园却并不只有地下洞穴可观看。地面上还有标准的草原景观，针叶和落叶树林，以及仙人掌和野花等植物。还有不少野生动物生活在保护区范围内，公园里有不少野牛，而在快到游客中心的路边就有一个草原狗聚居的群落，有时还可以看到一群可爱的小地鼠嬉戏。

 小百科

钟乳石亦称"钟乳"。溶洞中自洞顶下垂的一种碳酸钙淀积物。含有碳酸氢钙的水从洞顶往下滴落时，因水分蒸发和二氧化碳的逸出，使水中析出的碳酸钙淀积下来，并自上而下增长而成，状如钟乳，故名钟乳石。

自然胜境

夏威夷群岛

夏威夷群岛有广阔的海滨沙滩和深蓝色的海洋，同时这里也是供人们游泳、冲浪和进行各种水上活动的好地方。在海边的林荫道旁生长着许多椰子树，突显了这里的热带风情。

在浩瀚的太平洋中部有一些美丽的岛屿，它们就是著名的夏威夷群岛。它包括大小岛屿共 132 个，总面积为 16729 平方千米。

众所周知，夏威夷群岛是火山岛，同时也是太平洋上有名的火山活动区。夏威夷群岛正位于太平洋底地壳断裂带上，所有岛屿都是由地壳断裂处喷发出的岩浆形成的。直至现在，岛上的一些火山口，还经常发生火山喷发活动。这其中就包括夏威夷岛上的基拉韦厄火山、冒纳罗亚火山，以及毛伊岛上的哈里阿卡拉火山。

海拔 1 247 米的基拉韦厄火山是一座活火山，是夏威夷群岛中的第一大火山，目前仍然活动频繁。其火山口又包含许多小火山口，直径为 4 027 米，深度也有一百三十余米。远远望去，整个火山口好像是一个大锅，大锅中又套着许多小锅，而这些小锅就是那些小的火山口。在基拉韦厄火山口的西南角有一个被当地土著人称为"哈里摩摩"的火山口，它的直径约一千米，深约四百米，意为"永恒火焰之家"。其中有一个熔岩湖，里面满是沸腾的炽热熔岩。熔岩向上喷发时，可形成"熔岩喷泉"，熔岩涌出火山口时，可形成"熔岩瀑布"。

海拔 4 170 米的冒纳罗亚火山就位于夏威夷群岛的中部，相对于海底的高度大约有九千三百米。白云常常萦绕山顶，山顶忽隐忽现。

在夏威夷如果没有看到岛上正在喷发的火山是很遗憾的，因为这是夏威夷最壮观的景象。夏威夷的八大岛就是因火山爆发把陆地推出

海面而形成的火山岛。夏威夷火山喷发出来的是流动性较大的富含镁铁成分的基性熔岩，虽然喷发活动较频繁，却颇为"文静"，没有强烈的爆炸和大量的喷发物，有利于观赏和观察。这也是夏威夷火山喷发的主要特点。

夏威夷全年的气温变化不大，没有季节之分，一年四季的气温在14℃~32℃

夏威夷群岛一年四季雨水充足，浓密的森林和草地覆盖着这里的许多丘陵和山地，使这里的自然景色更加优美。同时，红色的芙蓉花是夏威夷州的州花，这是一种在夏威夷一年四季都盛开，而且随处可见的美丽的花。

由于各种植物和花卉生长繁茂，夏威夷群岛的昆虫也非常多。夏威夷群岛上的蝴蝶有10 000种以上，而且有些品种是这个群岛上特有的。这里有一种罕见的"绿色人面兽身蝶"，它的翅膀展开时长达10厘米。因此，许多昆虫爱好者和研究人员都会到这个岛上来采集和研究蝴蝶标本。

夏威夷的最高峰是岛北的冒纳凯阿火山，其海拔为4 205米。由于它是群岛的最高峰，因而也是一个良好的导航目标。因为其海拔较高，所以人们就在这里设立了世界上最高的天文台。

夏威夷不仅有海浪、沙滩、火山、丛林等大自然之美，而且因其地处太平洋中央，是美、亚、澳三大洲的海空交汇中心，具有十分重要的战略地位，是太平洋上的交通要道，素有"太平洋上的十字路口"和"太平洋心脏"之称。

小百科

1955年，夏威夷成为美国的第五十个州，州府是火奴鲁鲁，也叫檀香山，夏威夷州名来自波利尼西亚语，意为"原始的家"。夏威夷州的州花是芙蓉，州鸟是夏威夷鹅。夏威夷群岛风光明媚，海滩迷人。

自然胜境

黄石国家公园

黄石国家公园那由水与火锤炼而成的大地原始景观被人们称为"地球表面上最精彩、最壮观的美景",被描述成"已超乎人类艺术所能达到的极限"。

黄石国家公园在美国西部北落基山和中落基山之间的熔岩高原上,海拔 2 134 米～2 438 米,面积 8 983 平方千米,大部分位于怀俄明州的西北部。在公园里可以看到令人印象深刻的地热现象,有三千多眼间歇泉、喷气孔和温泉。这里拥有世界上最多的间歇泉和温泉,还有景色独特的黄石河大峡谷、化石森林,以及黄石湖。同时,黄石国家公园还因拥有灰熊、狼、野牛和麋鹿等野生动物而闻名于世。

黄石国家公园是美国设立最早、规模最大的国家公园,也是世界上最原始、最古老的国家公园。它就像中国的长城一样,是外国游客必游之地。

黄石国家公园99%的面积都尚未开发,是一个实实在在的荒野,是保存于美国本土的 48 个州中少有的大面积自然环境之一,这里拥有数量众多、类型多样的物种,各种动物在这里得以繁衍生息,其中种类最多的是哺乳动物。

黄石国家公园自然景观分为五大区:玛默区、罗斯福区、峡谷区、间歇泉区和湖泊区。五个景区各具特色,但都有一个共同的特点,就是地热奇观。

黄石国家公园是地热活动的温床,有一万多个地热风貌特征,这里的地热景观是全世界最著名的。上百个间歇泉喷射着沸腾的水柱,冒着滚滚蒸气,好似倒转的瀑布,它们从火热而黑暗的地下不时喷涌而出。一些间歇泉的水柱气势磅礴,像参天大树一般,其直径从 1.5

米～18 米不等，高度有 45 米～90 米。巨大的力量可以使它在这样的高度上持续数分钟，有的可持续将近一个小时。黄石国家公园内有三千多处温泉，其中间歇泉有 300 处，许多间歇泉的喷水高度超过 30 米，最著名的"老忠实泉"因很有规律地喷发而得名，从它被发现到现在的一百多年间，每隔 33 分钟～93 分钟喷发一次，每次喷发持续四五分钟，水柱高四十多米，从不间断，非常神奇；"蓝宝石喷泉"水色碧蓝；"狮群喷泉"由四个喷泉组成，水柱喷出前发出像狮吼的声音，接着水柱射向空中。

黄石河是黄石国家公园的著名景观，由黄石峡谷汹涌而出，将山脉切穿而创造了神奇的黄石大峡谷，然后贯穿整个黄石公园到达蒙大拿州境内。由于公园地势高，黄石河及其支流深深地切入峡谷，形成许多激流和瀑布，蔚为壮观。阳光下，两峡壁的颜色从橙黄过渡到橘红，仿佛是两条曲折的彩带。

黄石公园 85% 的面积都覆盖着森林。这里的植物，经常面临很大的灾难，那就是森林大火。因为山火肆虐，不少树种分布得越来越稀疏。然而，在自然演化过程中，生活在黄石国家公园的很多植物和动物，已经适应了间歇周期较长的大火，甚至其中有些物种，还必须以火来保证它们的生存和繁衍。例如扭叶松就凭借它顽强的生命力，不仅生存下来了，而且逐年扩大自己的领地。

其实扭叶松也很易于燃烧，它的树皮很薄、很脆，一旦发生火

灾，它和其他树木一样难以逃脱。但是，扭叶松时刻做着死亡和转世再生的准备，它用坚固而紧闭的松果将种子储藏起来（这些松果可以将种子保存 3 年—9 年）。这样，就不怕山火肆虐了。因为松果只是被烧焦，表面熏黑了，一旦浓烟散尽，它们就会崩裂，将其中的种子播撒在广阔的地面上，于是新的一代从灰烬中萌生，而且充满生机，迅速生长起来。到今天，它均匀而稠密地分布在公园各处，几乎把整个公园都变成了自己的王国。

黄石国家公园还是美国最大的野生动物庇护所和著名的野生动物园，这里有三百多种野生动物，还有六十多种哺乳动物、18 种鱼和 225 种鸟。包括灰熊、美洲狮、灰狼、金鹰、麋鹿、白尾鹿、野牛、羚羊等两千多种动物在这里繁衍生息。熊是黄石国家公园的象征。园内约有一百多头灰熊，两百多头黑熊，从前，在路边常常可以看到它们，不过不是骇人的，而是逗人爱怜的景象：一只大熊带着一两只小熊，阻住游人的汽车伸手乞食，那种样子煞是可爱。

野牛曾遍布整个美洲大陆，但是，人类一场场的猎杀使野牛几乎绝种。在 19 世纪末，美国境内仅有位于蒙大拿州的国家野牛保护区及黄石公园还有少数的野牛生存，不过也只有一百多头。

小百科

黄石国家公园原本是印地安人的圣地，但因美国探险家路易斯与克拉克的发掘，而成为世界上最早的国家公园。它就像中国的长城一样，是外国游客必游之地，它以保持自然环境的本色著称于世。

自然胜境

艾伯塔省立恐龙公园

大约在六千五百万年前，恐龙遭遇了一场特大的浩劫，从此以后，恐龙就从这个星球上消失了。今天的人们只能通过恐龙化石来研究当年的那段历史。而省立恐龙公园则是研究恐龙化石的绝好去处。

世界上最大的恐龙"公墓"——省立恐龙公园位于加拿大艾伯塔省荒野的中心地带、布鲁克斯附近的红鹿河岸的荒原上。这个恐龙公园与中国自贡恐龙博物馆，还有美国犹他州国立恐龙纪念馆并称为世界上具有恐龙化石埋藏现场的"三大恐龙遗址博物馆"。

1884 年，在这里，古生物学家蒂勒尔发现了著名的艾伯塔龙。1910 年—1917 年，古生物学家在此发掘出六十多种、三百多具恐龙化石，几乎包括了所有已知的著名恐龙化石。最古老的化石甚至可以追溯到 7 500 万年前。1955 年，省立恐龙公园成立。1979 年，省立恐龙公园被列入《世界遗产名录》。公园以丰富的化石层、奇特的崎岖地带和罕见的沿河生态环境三大景观闻名于世。

经过科学的验证，省立恐龙公园的沉积物跨越了 200 万年，主要分为三个地层：熊爪地层在最上面，恐龙公园地层在中间，老人地层在

最下面。地层位于亚热带沿海低地，接近于西部内陆水道，以前被大河穿过，包含了无数的化石。最晚的地层是到白垩纪晚期，大约七千五百万年前，时间跨度约有一百万年。

恐龙是四足爬行纲动物，行动笨拙，有一条纺锤形尾巴，有的恐龙体长达三十多米，还有一个与庞大身躯相比显得非常小的脑袋。在中生代，恐龙曾经与其他爬行纲动物一起生活在潮湿、炎热的大森林中，后来可能因气候变迁而灭绝（关于恐龙灭绝原因的猜测有很多，至今仍无定论）。

恐龙公园闻名遐迩的主要原因就是因为有数量庞大、种类繁多、保存完好的恐龙化石。现已出土的六十多种距今 8 000 万年—6 000 万年的恐龙样品，分 7 科 45 属。加拿大国内外的古生物学者曾经疯狂地采集恐龙化石送往世界各地的博物馆。到了 1955 年，恐龙公园建立，化石区正式受到法律保护，从此以后游人只能在有关部门的组织下，到指定的区域参观游览。

省立恐龙公园发现的化石种类相当丰富。爬行类有蜥蜴、龟、鳄鱼、恐龙；两栖类有蛙、蝾螈等；鱼类有白鲟、鲨鱼、雀鳝等。还有鸟类和哺乳动物的化石。已发现的恐龙种类有：鸭嘴龙科、棱齿龙科、暴龙科、似鸟龙科、驰龙科、伤齿龙科等。

恐龙公园里有一座古生物博物馆，是以首位在这里发现"艾伯塔龙"的古生物学家 J. B. 蒂勒尔的名字命名的。"艾伯塔龙"属于肉食

艾伯塔省立恐龙公园山峰重叠，石柱林立，荒原奇形怪状，地形十分奇特

性的霸王龙，眼睛长在头骨较高的地方，强大的躯体由一对足形的盆骨支撑着。

这座博物馆里陈列着一具完整的"艾伯塔龙"化石，还陈列着1种头甲龙、2种角龙、4种体形较大的鸭嘴龙化石。博物馆里设有一个高大的温室，里面种植着一些古老植物，其中有些植物还生长于恐龙存活时期，树蕨、苏铁、罗汉松以及一些寄生的有花植物还曾是恐龙的食物。

恐龙公园内埋藏恐龙化石的地带十分崎岖，雨水侵蚀而成的沟壑纵横交错，山丘都是裸露的砂岩。因硬度不同，砂岩分为若干层次，较坚硬的砂岩层覆盖在较松软的岩层之上，形成了蘑菇状小丘，被人们称为"仙女壁炉"。

省立恐龙公园是艾伯塔省最温暖干燥的地区，那里的溪流常年不断地减少，有些还深深地切入了岩床。白垩纪页岩和砂岩暴露在外，被雕刻成了壮观的荒野景象。

省立恐龙公园内的三个生态区生活着许多种生物。在干旱炎热的荒野中生长着仙人掌、黑肉叶刺茎藜和数种鼠尾草属植物；谷地的边缘是大草原；潮湿的河岸上有三叶杨和柳树以及唐棣、玫瑰、水牛果等灌木生长。5月和6月是不错的观鸟季节，在三叶杨林中很容易看到鸣鸟、啄木鸟和水禽。其他的动物还有棉尾兔、丛林狼和白尾鹿等。在辽阔的草原上有时还可以看到叉角羚。

恐龙公园的第三大景观是红鹿河两岸的生态环境。这里类似北美荒原的狭长地带，生物环境复杂多样。曲折蜿蜒的红鹿河冲刷出台阶状的地貌。阶地上草木繁茂，在许多地方还生长着罕见的植物。红鹿河穿流恐龙公园24千米长，不仅造就出平原、杨树森林、高灌木林和小块沼泽地相混杂的地貌，还为阶地上的蒿属植物提供了生长条件，为羚羊、加拿大狍子和黑尾熊等提供了良好的生活环境。这里鸟类的数量也十分惊人，其中还有濒临灭绝的金鹰和草原隼。

小百科

恐龙化石按埋藏地层的不同可大致分为古生代化石和中生代化石，其中中生代恐龙化石占绝大多数。恐龙化石的形成与地质运动有极大关系，如果没有地质运动，恐龙化石是不可能存在的。

自然胜境

科隆群岛

站在科隆群岛的任何一个岛上，映入眼帘的都是一片干枯贫瘠的景象，犹如洪荒世界。然而，这里不但孕育着生命，不断发生着奇妙的变化，而且每年都吸引着大量游客前来参观。

科隆群岛原名加拉帕戈斯群岛，它孤零零地矗立在南美洲西部的太平洋中，是较为有名的群岛。它由9个大岛、23个小岛和50个岩礁组成，陆地面积为7 844平方千米，主权属于远在岛东1 000千米的厄瓜多尔。

科隆群岛是一群孤悬在海上的火山岛群，赤道就在岛屿的北边，岛屿南北跨度约四百三十千米。群岛虽然跨越赤道，但是当从极地出发的秘鲁寒流经过这里时，群岛就被寒冷气流包围，温度明显降低，从而形成了既干燥又凉爽的气候，所以只有东北部极小部分的岛屿有珊瑚礁，其他岛上都没有。岛上的平均气温约为25℃，海拔较高的地方仅有16℃，正因如此，这里没有热带岛屿的任何特征，也没有热带常见的色彩艳丽的生物。虽然群岛气候干旱，但是仙人掌在这里却生长得非常好，而且种类繁多，如霸王仙人掌、熔岩仙人掌等。仙人掌为岛上的各种生物提供了主要的食物来源。虽然这里环境恶劣，但许多生物为了适应环境，都进化成了特有的物种，这就让人不禁要惊叹大自然的神奇与奥妙了。

地质和动植物形态独特的科隆群岛日益受到生物学家的重视，1959年，厄瓜多尔政府将其划为国家公园；同年，国家公园管理局在圣克里斯托瓦尔岛成立了。1964年，英国达尔文基金会也在这里成立了达尔文研究站，由现代自然学家继续达尔文的研究。1998年，厄瓜

多尔政府更进一步设立科隆海洋保护区，并将沿海 65 千米的海域一并纳入保护区范围。

这里是动物的乐园，岛上栖息着很多世界稀有动物，其中最为奇特的要算大海龟了。这些大海龟可以长到一米多长，两百多千克重，背上可以驮一两个人。龟的性格都很温顺，喜欢生活在海岸边草丛里，以仙人掌为主食。大蜥蜴也是这里的奇特生灵，有陆生的，也有海生的。陆生的有一米多长；海生的比陆生的数量多，身体也比陆生的大，灰黑色的身子拖着一条很长的尾巴，样子很像恐龙。据说，这种大蜥蜴的始祖产生于中生代，现在只有科隆群岛才有这种动物。

在这个靠近赤道的群岛上，竟然还生活着只有严寒的极地才能生存的企鹅、信天翁、海豹等动物，这是怎么回事呢？原来，它们起先是跟随秘鲁寒流来到这里的"游客"，天长日久，便在这里安家落户了。科隆企鹅生活在科隆岛上，由于白天的温度较高，所以它们都躲在岩洞或是岩缝中，直到夜间才出来活动。虽然温度较高，但科隆群岛有从南极来的寒冷海流——秘鲁寒流，所以科隆企鹅才能生活在如此炎热的气候中。科隆企鹅是同属的企鹅中最小的，仅长 53 厘米，重 2 千克～2.5 千克。

每年大约有六万游客来岛上参观。这里虽然人烟稀少，但却孕育着丰富的动物种类。最憨态可掬的象龟、最平凡普通的雀鸟身上竟隐藏着生物史上最大的奥秘，在这里人们可以感受到生命的伟大。

小百科

秘鲁寒流旧称洪堡洋流，是寒流中最强大的一支。它始于南纬 40° 左右的西风流，贴近南美西海岸，经智利、秘鲁、厄瓜多尔等国，北流直到赤道海域的科隆群岛附近。

自然胜境
阿根廷冰川国家公园

阿根廷冰川国家公园是一个有着崎岖、高耸的山脉和许多冰湖的奇特而美丽的自然风景区。阿根廷冰川国家公园是世界文化遗产中少数几个可以"动"的景观之一，也因此吸引了大批游客。

阿根廷冰川国家公园位于纵贯南美大陆西部的安第斯山脉南段，巴塔哥尼亚山脉东侧，在阿根廷南部属巴塔哥尼亚高原的阿根廷圣克鲁斯省。冰川公园中的冰川湖面积达 1 414 平方千米，名为阿根廷湖。

在阿根廷湖远端的三条冰河交汇处，乳灰色的冰流倾泻而下，仿佛小圆屋顶一样巨大的流冰带着雷鸣般的轰响冲入湖中。

巴塔哥尼亚冰原是地球上除南极大陆以外最大的一块由冰雪覆盖的陆地，阿根廷冰川国家公园内共有 47 条冰川发源于巴塔哥尼亚冰原，公园中的阿根廷湖接纳了几十条冰川的冰流和冰块，其中最著名的是莫雷诺冰川。

因为阿根廷冰川是世界上少有的现在仍然"活着"的冰川，所以在这里每天都可以看到冰崩的奇观，1945 年此地被阿根廷列为国家公园加以保护，1981 年此地被列入《世界遗产名录》。

世界遗产委员会对其的评价是：冰川国家公园是一个有着崎岖高耸的山脉和许多冰湖的奇特而美丽的自然风景区。多山的湖区组成了阿根廷罗斯·格拉希亚雷斯冰川国家公园，它位于南纬49°以南，阿根廷圣克鲁斯省西南部的边远地区。它包括一个被大雪覆盖的南安第斯山的地区，以及许多发源于巴塔哥尼亚冰原的冰川。公园内面积小于 3 平方千米的独立于大的冰原之外的冰川大约有二百个。冰川的活动主要集中于两个湖区，而这两个湖区本身就是古代冰川活动的

产物。

　　公园管理处为游客提供了两条不同的游览方案。一种方案是游客乘巨大的吊车到高达300米的高处，一些冰山从你身边一掠而过。冰川的前部异常陡峭，冰川因承受巨大的内部压力而出现了许多断裂。远远望去整个冰川发出深蓝色的光。另一种方案是在一条绝壁上沿着冰川的走向前进，为了使游客领略到冰川不同部分的壮美景观，公园的服务机构在这一地区设置了几条人行道。人行道不仅使游人可以欣赏到冰川底部的风景，还可以最大程度地靠近冰川的正面。

　　冰川因其变幻无穷而令人称奇。每天冰川大约要移动三十厘米，乍看起来这段距离似乎并不太远，但是，经过仔细观察，你会发现每过10分钟冰川就会发出一声巨响，接下来一块汽车大小的冰块就会落到海上，连续观察一个小时以后，很可能会有一块房子大小的冰块掉下来。冰山通常漂流好一段时间后才会融化。在世界遗产中没有几个冰川是可以"动"的，它们只是"存在"而已，但冰川国家公园却是一个例外。

　　公园内的鸟类达一百多种，还有其他除鸟类之外的脊椎动物也生活在阿根廷冰川国家公园中。在其他动物并不涉足的区域内，有一群南安第斯的马形驼属动物居住。其他重要的脊椎动物有骆马、阿根廷灰狐狸、澳大利亚臭鼬等。

小百科

　　阿根廷湖是一个坐落于阿根廷南部圣克鲁斯省的冰川湖，有莫雷诺、乌普萨拉等冰川伸入湖中，以冰块堆积景观而闻名于世。湖畔雪峰环绕，山坡上林木茂盛，景色雄伟壮观，是阿根廷最引人入胜的旅游景点。

自然胜境

伊瓜苏瀑布

世界五大瀑布之一的伊瓜苏瀑布位于南美洲的阿根廷和巴西两国边境，瀑布气势磅礴、雄伟壮观，是世界上最宽的瀑布。因为瀑布跨越了两个国家，所以被划入各自的国家公园中。

在巴西和阿根廷的交界处，有一条叫伊瓜苏的河流。它最初由北向南分隔两国，然后忽然拐了个很大的弯，向东流去。东边的地势起伏较大，就有了这个让人过目难忘的大瀑布。因为瀑布跨越了两个国家，便被划在各自的国家公园中，每年有上百万游客至阿根廷或巴西来游览。伊瓜苏河发源于巴西境内，在汇入巴拉那河之前，水流平缓，在阿根廷与巴西边境，河宽 1 500 米。河水继续向前流淌，忽然遇到了一个倒 U 形峡谷，河水便顺着峡谷的顶部和两边向下直泻，凸出的岩石将顺势而下的河水切割成大大小小二百七十多个瀑布，形成一个景象壮观的总宽度 3 000 米 ~ 4 000 米、平均落差 80 米的半环形瀑布群。

据地理学家推断，该瀑布约形成于 1.5 亿年前。阿根廷在 1934 年在伊瓜苏瀑布区建立了 670 平方千米的国家公园。伊瓜苏瀑布的与

众不同之处在于观赏点多。从不同地点、不同方向、不同高度，看到的景象也不同。

该瀑布与伊瓜苏河皆得名于一个意为"大水"的瓜拉尼语词汇

伊瓜苏河沿途集纳了大小河流30条，在流到大瀑布前方时，已经成为一条大河了。伊瓜苏河奔流千里来到两国边界，在从玄武岩崖壁陡落到巴拉那河峡谷时，因为水量极大，一道气势磅礴的大瀑布便在这里形成了，它的水流量达到了1 700立方米/秒。如果你乘船从伊瓜苏河的上游静静漂流，穿过巴西丛林，刚开始你什么也听不见，接着猴子的尖叫声和类似汽笛的声音全部传入耳中，最后，你会听见远处仿佛有轰鸣的雷声，越来越近，直到令你震耳欲聋，这时必须折返，以免靠得太近而伤害听觉。它的飞瀑声在30千米外就可以听到。

瀑布的中心是峡谷顶部，这里水流最大、最猛，被人称为"魔鬼喉"。顾名思义，魔鬼喉就是一处群水集聚的涌动喷口，在这里一切都被水声和水色所掩盖。

在阿根廷和巴西观赏到的瀑布景色差异很大。在阿根廷共有上下两条游览路线供游者观看瀑布，下路于密林之中蜿蜒延伸，可以自下而上领略每一段瀑布的雄伟与壮观，可说是十步一景；上路是自上而下感受瀑布翻滚而下的磅礴气势。在巴西一侧可以观赏到阿根廷这边主要瀑布的全景。

伊瓜苏大瀑布是一个有4 000米长的巨大弧形瀑布群，由无数个大大小小的瀑布组成。除了尼亚加拉瀑布外，这是世界上最长的瀑布。伊瓜苏瀑布的魅力，不仅在于它拥有世界上最宽广的瀑布风景，还在于它给人一份时空恍惚但又永恒的感觉。站在约有二十二层楼高的伊瓜苏大瀑布前，面对着50米高的珠帘飞雾，谁能不为之惊叹呢？

小百科

巴拉那河干、支流流经南美洲巴西、玻利维亚、巴拉圭、乌拉圭和阿根廷等五个国家，由其上源格兰德河与巴拉那伊巴河、巴拉那河干流及其支流以及拉普拉塔河组成。伊瓜苏河是其主要支流之一。

自然胜境

马拉开波湖

位于委内瑞拉西北部沿海的马拉开波湖，是委内瑞拉境内最大的湖泊，也是南美洲最大的湖泊。荡舟在风光优美的马拉开波湖区，你会有一种徜徉在水城威尼斯的感觉。

马拉开波湖位于委内瑞拉西北部的沿海，在马拉开波低地的中心，它是委内瑞拉最大的湖泊，也是南美洲最大的湖泊。马拉开波低地是安第斯山脉北段的一个断层陷落盆地，经长年累月的累积最后形成了湖泊，就是马拉开波湖，因此马拉开波湖属于构造湖。

马拉开波湖口窄内宽，南北长 190 千米，东西宽 115 千米，湖的面积大约有 1.43 万平方千米。马拉开波的湖岸线很长，大约有一千多千米。马拉开波湖的北端通过长 35 000 米、宽 3 000 米 ~ 12 000 米的水道与委内瑞拉湾贯通。湖面宽广的马拉开波湖，碧波万顷，一望无际，湖区周围的景色非常优美，因此马拉开波湖吸引了国内外的众多游客。

马拉开波湖的湖水北深而南浅，湖水最深处可达三十多米，平均水深二十多米，湖水中含有盐，浓度最大处的含盐度约为 15% ~ 38%。湖水靠南的部分有源自安第斯山脉的圣安娜、卡塔通博、查马、莫塔坦、埃斯卡兰蒂等许多条内陆河流注入，大小一共约有一百五十多条，而且马拉开波湖的南岸还多沼泽和潟湖，因此南部的湖水很淡；而湖水靠北的部分有近 10 千米宽水面的出海口与加勒比海相接，海水倒灌、回渗，与湖水相融，于是北部的湖水就很咸。

整个马拉开波湖区域属于南美洲最湿热的地区之一。马拉开波湖湖区大都是高温多雨天气，年平均气温在 28℃ 左右，年降水量在 1 500 毫米以上，除了马拉开波湖北部区域。原因是马拉开波湖北部靠近委内瑞拉湾的沿岸，气候非常干燥，年降水量不足 500 毫米。

马拉开波湖被誉为世界上最富足的湖，它是世界上最富饶、最集中的产油区之一，有"石油湖"之称。大油田多集中于东北岸和西北岸的沼泽低地，油田最多的还是东北岸，产油区还向湖底延伸出去，含油气面积达一千三百多平方千米，而且多为高产大油田；湖区的西北岸产油也比较多。据研究发现此地区的产油层主要是第三纪砂岩和白垩纪石灰岩。自从 1917 年打出第一口生产井，1922 年开始大规模开采后，委内瑞拉成为世界上重要的石油生产国和出口国之一。马拉开波湖不仅有丰富的石油，其他自然资源也相当丰富。如今，马拉开波湖已成为委内瑞拉的一颗璀璨明珠。

马拉开波湖区还是一个风景秀丽的旅游区，不仅马拉开波湖水碧天蓝值得一看，在马拉开波湖以南梅里达附近的雪山也很著名。尤其是 1962 年建成的马拉开波大桥，它是世界上最早的混凝土斜拉桥，主桥有五个孔，跨径 235 米，全桥长 8.6 千米。气势雄伟的马拉开波大桥不仅是连接湖两岸的交通枢纽，也是湖区重要的景观。后来，为纪念独立战争时期的英雄，人们也把这座大桥称为乌尔塔内塔将军桥。

 小百科

委内瑞拉，被人们誉为加勒比海上的一颗璀璨明珠，一直以来就有"石油之国""兰花之国"和"瀑布之乡"的美誉，而最吸引人们关注的还是它"美女之国"的称誉。那些天生丽质的美女给人们留下了永久的印象。

地球自然胜境

DIQIU ZIRAN SHENGJING

南极洲

自然胜境
扎沃多夫斯基岛

冰是南极的主要特征，南极之所以会有如此多的冰雪，主要与其纬度位置有关。南极与北极同是位于地球的两极，纬度高低相同，太阳照射的时间长短和角度也相差不多，而南极的冰却比北极的多。

1819 年，俄罗斯人首先发现了扎沃多夫斯基岛，它是南桑维奇群岛的一个宽不到 6 千米的小岛，位于南极半岛北端以西 1 800 千米的地方。这里是南大西洋上的一个偏远宁静的小岛，每年都有几个月，一群群的企鹅蜂拥来到岛上，企鹅的喧闹声震耳欲聋。

扎沃多夫斯基岛是世界上最大的企鹅栖息地。企鹅从很远的地方来到这里是有原因的。扎沃多夫斯基岛是一座活火山，火山口喷发出来的热量使落在山坡上的冰雪很快融化，因此冰雪无法在山坡上堆积，生活在这里的企鹅产卵的时间比生活在遥远南方的企鹅产卵的时间要早的原因也在于此。这些企鹅可以在光秃秃的地面上产卵，所以它们宁愿顶着惊涛骇浪来到这里产卵也就不足为奇了。

为了生存的需要，许多动物都会产生身体结构的变异以适应环境。企鹅为了适应水下生活，它的身体结构也发生了很大变化，潜水时的鳍状翅就是它的翅膀退化来的。企鹅虽是适应了潜水生活的鸟类，但是它的骨骼却与其他鸟类的骨骼有所不同，它的骨骼相对于鸟来说沉重、结实；同其他飞翔能力退化的鸟类又有不同，企鹅拥有特别发达的胸肌，它们的鳍状翅因而可以很有力地划水。企鹅拥有跟海豚非常相似的完美的流线型体形。它们的后肢只有三个脚趾发达，趾间生有适于划水的蹼，游泳时，企鹅的脚相当于船的舵。企鹅的羽轴偏宽，羽片狭窄，羽毛均匀而致密地生在体表，就像鱼的鳞片一样，

这同其他的鸟类也不同，这种结构更适于游泳的结构。借助于这样的身体结构，企鹅在潜水时划一次水便能游得很远，耗费的能量却很少，这使得企鹅成为"游泳健将"。

根据科学家们长年细致的观察发现，企鹅的游泳速度很快，能达到每小时 10 千米~15 千米，它们可以潜游，在水下能潜三十秒左右，它们还可以在水中跳跃，因此企鹅被很多人说成"在水中飞行的鸟"。企鹅在逃避天敌的追击时，常常跳出水面，每次跳出水面可在空中"飞翔"一米多的距离，这可能与它属于鸟类这一特征有很大关系。有时它们也会跳上浮冰躲避天敌。

现在，全世界大约有十几种企鹅，它们全部分布在南半球，以南极大陆为中心，北至非洲南端、南美洲和大洋洲的广阔区域内。它们大多生活在大陆沿岸和某些岛屿上。南极地区共有 7 种企鹅：帝企鹅、阿德利企鹅、金图企鹅（又名巴布亚企鹅）、纹颊企鹅（又名南极企鹅）、王企鹅（又名国王企鹅）、喜石企鹅和浮华企鹅。

企鹅的耐热能力不强，不能忍受较高的气温，企鹅中的大多数只是在亚南极水域的岛屿上繁殖，冬季它们则在非洲南部、澳大利亚、新西兰和南美洲较寒冷的海域越冬。栖息在南极本土的企鹅只有阿德利企鹅和帝企鹅，但在寒冷的冬季，阿德利企鹅也在向北方迁移，在那里不封冻的土壤中寻找食物。在鸟类中企鹅的耐寒本领可以说是"无鸟能敌"的。

小百科

南极由于海拔高，空气稀薄，再加上冰雪表面对太阳辐射的反射等，使得南极大陆成为世界上最为寒冷的地区。很少有动物能够忍受如此恶劣的环境。可是企鹅却可以，因此扎沃多夫斯基岛就成为纹颊企鹅的天下。